アマチュア無線運用シリーズ

APRSパーフェクト・マニュアル

アマチュア無線の位置情報ネットワークを使いこなす

JF1AJE 松澤 荘八［著］

CQ出版社

はじめに

「APRSは最先端のコミュニケーション・ツール！」

　筆者は頻繁に「APRSって何がおもしろいの？」と質問されます．以前は技術的側面や運用面からその魅力を説明していたのですが，最近ではそれに加えて「全国（全世界）各地にたくさんの親しい友人を簡単に作ることができるベストなコミュニケーション・ツールです」と強調して説明しています．これまで約40年間，いろいろなアマチュア無線のジャンルを楽しんできましたが，これほど多くの友達ができるジャンルはありませんでした．日々運用していると知らず知らずのうちに多くの友達ができているというのは，ほかのジャンルにはあまり見られない機能（?）ではないでしょうか．

　もちろん位置情報をベースとしてさまざまな情報をやりとりしながら移動するというAPRS運用についても，さまざまな魅力に満ち溢れており，技術的探求の余地はひじょうに多くあるため，アマチュア・スピリッツをくすぐるに十分なジャンルであることは間違いありません．

「APRSは今が始めどき．一緒に探究しましょう！」

　以前はAPRSに関する日本語の情報がなかったため，新規参入のビギナーにとっては運用のしかたもわかりにくく，ときとして「その運用は間違っているよ」と先輩局に注意されるようすが散見されましたが，今ではいろいろ教えてくれるベテラン運用局や日本語の情報も増えたため，これからAPRSを始める方にも理解しやすく，溶け込みやすくなっていると思います．また，日本のAPRSは運用局数は急激に増えたものの，APRS本来の魅力についてはまだまだ未開拓の部分がひじょうに多く，発展途上と言えます．ぜひこの機会にすでに運用している局とともに底なしの楽しみを持っているAPRSの探求に参加してみませんか？

　本書が貴局のAPRS開局に少しでも参考になれば幸いです．

もくじ

はじめに ・・ 2
目次 ・・・ 3

第1章 概要編～APRSを知る～ ・・・・・・・・・・・・・・・・・・・・・・・・・・・・・・・・・・・・・・ 7

1-1　APRSとは？ ・・ 7
1-2　APRSで飛び交う情報 ・・ 8
　　・ ポピュラーな移動局 ・・ 9
　　・ APRS気象局 ・・・ 10
　　・ そのほかの移動体 ・・・ 11
　　・ メッセージング ・・ 11
　　・ 電子メール機能 ・・ 11
　　・ オブジェクト情報 ・・ 12
　　　コラム1-1　東日本大震災にみるAPRS ・・・・・・・・・・・・・・・・・・・・・・・・・・・・ 14
1-3　APRSの魅力と現状 ・・ 15
　　・ APRSの魅力 ・・ 15
　　・ APRSの歴史 ・・ 17
　　・ 日本のAPRS運用局数推移 ・・・・・・・・・・・・・・・・・・・・・・・・・・・・・・・・・・・・・・・ 17
　　　コラム1-2　APRSの開発者"WB4APR，Bob Bruninga氏"のコメントより ・・・ 18
　　　コラム1-3　JAPRSXからのアドバイス ・・・・・・・・・・・・・・・・・・・・・・・・・・・・・ 18
　　　コラム1-4　APRS Working Group（APRS-WG）とは？ ・・・・・・・・・・・・・・・ 19
1-4　APRSネットワークのしくみ　～全体像と情報の流れ～ ・・・・・・・・・・・・・・・・ 19
　　・ APRS運用状況を見てみる ・・ 19
　　・ I-GATEとは？ 無線とインターネットの間を取り持つゲートウェイ ・・・・・・・ 21
　　・ デジピータとは？ 受信したデータを再送信する局 ・・・・・・・・・・・・・・・・・・ 23
　　・ APRSサーバとは ・・・ 24

第2章 実践編～やってみようAPRS～ ・・・・・・・・・・・・・・・・・・・・・・・・・・・・・・ 25

2-1　APRSを楽しむためのシステム構成　～何を用意すればよいのか～ ・・・・・・・・ 25
　　・ システム構成例 4題 ・・ 25
2-2　APRS対応モービル・トランシーバでモービル運用の楽しさをひろげよう ・・・ 28
　　・ APRS対応トランシーバでできること ・・・・・・・・・・・・・・・・・・・・・・・・・・・・・・ 29
2-3　トランシーバ別APRS用設定の虎の巻　～共通事項～ ・・・・・・・・・・・・・・・・・・ 30
　　・ 各機種共通，設定のポイント ・・・・・・・・・・・・・・・・・・・・・・・・・・・・・・・・・・・・ 30
　　・ フローチャート各項目の補足説明 ・・・・・・・・・・・・・・・・・・・・・・・・・・・・・・・・ 30
2-4　トランシーバ別APRS機能設定ガイド JVC KENWOOD TM-D710シリーズ ・・・ 32
　　・ JVC KENWOOD TM-D710/SでAPRS ・・・・・・・・・・・・・・・・・・・・・・・・・・・・・ 32
　　・ APRSビーコンを受信するための初期設定 ・・・・・・・・・・・・・・・・・・・・・・・・・ 33
　　・ APRSビーコン発信のための初期設定 ・・・・・・・・・・・・・・・・・・・・・・・・・・・・・ 34
　　・ 移動局（モービル）で使う場合の準備と設定 ・・・・・・・・・・・・・・・・・・・・・・・ 35
　　・ 運用中の操作 ・・・ 37

もくじ

・より便利に使う 37
　　コラム2-1　AFRS機能＝QSY機能 40

2-5 トランシーバ別APRS機能設定ガイド JVC KENWOOD TH-D72 42
・TH-D72の活用シーン 42
・APRSビーコンを受信してみる 43
・APRSビーコン受信のための設定 43
・受信情報の見方の基本 45
・APRSネットワークに情報を送る 46
・運用中の操作 48
・メッセージのやりとり 48
　　コラム2-2　TH-D72での運用のノウハウ 49

2-6 トランシーバ別APRS機能設定ガイド 八重洲無線 FTM-350A/AH 50
・FTM-350A/AHを使ってAPRSを楽しむ 50
・FTM-350A/AHの特徴的な機能（APRS関連） 50
・FTM-350A/AHのAPRS用の初期設定 51
・APRS運用を開始する 51
・運用環境にあわせて設定したい内容 53

2-7 トランシーバ別APRS機能設定ガイド 八重洲無線 VX-8D/VX-8G 54
・VX-8DまたはVX-8Gを使ってAPRSを楽しむ 54
・VX-8D/Gの特徴 54
・VX-8D/G，APRS用の初期設定 54
・運用環境にあわせて設定したほうがよい内容 55
・APRSビーコンを受信する 56
・APRSビーコンを送信する 56
・メッセージの送受信 57
　　コラム2-3　スマート・ビーコンとトラフィック 58

第3章 パソコンも活用して本格的に楽しむAPRS 59

3-1 APRSモニタ・分析Webサイト 59
・Google Maps APRS（グーグル・マップスAPRS） 59
・DB0ANF APRS Server 59

3-2 APRSクライアント・ソフトウェア 63
・UI-View32（ユーアイ・ビュー32） 63
・OpenAPRS（オープンAPRS） 64
・AGWTracker（AGWトラッカー） 65
・APRSISCE（APRSアイ・エス・シー・イー） 66

3-3 UI-View32で運用の幅を広げる 68
・TNCをパソコンとトランシーバにつなぐ 69
・UI-View32のセットアップ 70
　　コラム3-1　UI-View32の登録番号，認証番号を得たい/忘れた場合 72
・動作に必要な最低限の設定 72

・ UI-View32用の地図を作る ・・ 75
・ トランシーバとUI-View32を接続 ・・・・・・・・・・・・・・・・・・・・・・・・・・・・・・・ 76
・ 運用してみよう ・・・ 77

3-4 運用上の基本ルールとノウハウ ・・・・・・・・・・・・・・・・・・・・・・・・・・・・・・・ 79
・ 多くの局がお互いに気持ちよく運用するために ・・・・・・・・・・・・ 79
・ インフラは共有財産，モラルとルールは必要 ・・・・・・・・・・・・・ 79
・ ビーコンの送信間隔 ・・・ 80
・ デジピータの使い方 ・・・ 80
・ メッセージ・フィードについて ・・・・・・・・・・・・・・・・・・・・・・・・・・・・・・・ 83
・ メッセージ交換 ・・ 83
・ オブジェクト・ビーコンの使い方 ・・・・・・・・・・・・・・・・・・・・・・・・・・・ 84
・ エマージェンシー・ビーコン ・・・・・・・・・・・・・・・・・・・・・・・・・・・・・・・・・ 84
・ 山の上など高所地域での運用方法 ・・・・・・・・・・・・・・・・・・・・・・・・・・ 85
・ APRSの運用周波数 ・・・ 85
・ きれいな軌跡を描くなら ・・・・・・・・・・・・・・・・・・・・・・・・・・・・・・・・・・・・・ 86
　コラム3-2　TH-D72のGPSロガー機能を使う ・・・・・・・・・・・・・ 88

第4章 APRSネットワークのインフラを担う ・・・・・・・・・・・ 90

4-1 インフラ構築のためのルールと知識 ・・・・・・・・・・・・・・・・・・・・・・ 90
・ I-GATEとは（Internet GATE・アイゲート） ・・・・・・・・・・・・・・・・ 90
・ デジピータ，デジピートとは？ ・・・・・・・・・・・・・・・・・・・・・・・・・・・・・ 91
・ デジピータ，I-GATEの新規構築の必要性 ・・・・・・・・・・・・・・・・・ 91
・ プライベート・デジピータの運用 ・・・・・・・・・・・・・・・・・・・・・・・・・・ 92
4-2 UI-View32を使ったI-GATE/デジピータの構築 ・・・・・・・・・・ 92
・ UI-View32のMain Screen ・・・・・・・・・・・・・・・・・・・・・・・・・・・・・・・・・・・ 92
・ ToolBar ・・・ 94
・ Setup→Digipeater Setup ・・・・・・・・・・・・・・・・・・・・・・・・・・・・・・・・・・・・ 94
　コラム4-1　I-GATE/デジピータのコールサインとシンボル設定 ・・ 95
・ Setup→APRS Conpatibility ・・・・・・・・・・・・・・・・・・・・・・・・・・・・・・・・・ 96
・ Setup→Miscellaneous Setup ・・・・・・・・・・・・・・・・・・・・・・・・・・・・・・・・ 97
・ Setup→APRS Server Setup ・・・・・・・・・・・・・・・・・・・・・・・・・・・・・・・・・ 98
　コラム4-2　無蓄積型と蓄積型サーバ ・・・・・・・・・・・・・・・・・・・・・・ 99
　コラム4-3　「Filter機能」について ・・・・・・・・・・・・・・・・・・・・・・・ 100
・ Setup→MS Agent Setup ・・・・・・・・・・・・・・・・・・・・・・・・・・・・・・・・・・・ 101
・ Setup→Exclude/Include Lists ・・・・・・・・・・・・・・・・・・・・・・・・・・・・・ 102
　コラム4-4　UI-View32のヘルプ・ファイルが読めない場合は? ・・ 102
・ Setup→Auto-Track List ・・・・・・・・・・・・・・・・・・・・・・・・・・・・・・・・・・・・ 104
・ Setup→Colours ・・・ 104
・ Options ・・ 104
・ Action ・・ 106
・ Lists ・・ 109

もくじ

- ・ Logs ·································· 109
- ・ Map ·································· 110
- ・ Messages ····························· 111
  - コラム4-5 〔重要〕UI-View32が持つ二つのメッセージ・フォーマット 111
  - コラム4-6 APRSメッセージの最大文字数 ············· 113
- ・ Messages→File ························ 113
- ・ Messages→Options ····················· 113
- ・ Messages→Setup ······················ 114
- ・ Messages→Clear Screen ·················· 116
- ・ Messages→Hide ······················· 116
- ・ Messages→Sort ······················· 116
- ・ Stations ····························· 116
- ・ Terminal ····························· 118
- ・ File→Edit IGATE.INI ···················· 119
- ・ File→Movement Alarm ··················· 122
- ・ File→Schedule Editor ··················· 123
- ・ File→DownLoad APRS Sever List ············· 124
- ・ File→History/Telemetry ·················· 124
- ・ 掲示板（BBS）, Webサイトの紹介 ·············· 126

第5章 資料編 ································ 127

運用周波数と通信速度(ボーレート/APRS MODEM) ········· 127
デジピート・パスとビーコン・インターバル ············· 127
SSn-N一覧表 ······························ 128
ステータス・テキスト(STATUS TEXT)の設定 ············ 129
シンボル(自局アイコン/STATION ICON)の選択例 ········· 129
APRS SSID 推奨設定(適用)一覧 ················· 130
ポジション・コメント(POSITION COMMENT)の設定 ········ 130
ポジション・コメント「EMERGENCY」について ·········· 131
APRSに関する情報掲載Webサイト(一例) ············· 131
JVC KENWOOD TM-D710 APRS設定ガイド ·········· 132
JVC KENWOOD TH-D72 APRS設定ガイド ·········· 133
八重洲無線 FTM-350A/AH APRS設定ガイド ·········· 134
八重洲無線 VX-8D APRS設定ガイド ·············· 135
八重洲無線 VX-8G APRS設定ガイド ·············· 136

おわりに ································· 137
索引 ··································· 138
著者略歴 ································ 143

第1章

概要編
〜APRSを知る〜

APRSとは，GPSがついたトランシーバを使って電波を出せば自分の居場所がインターネットの地図サイトに表示されるしくみ，そんな漠然としたイメージがあるのではないでしょうか．ところがそれはAPRSの機能を応用したものの一つにすぎません．本章では，APRSとは何なのか，何ができるのか，APRSではどのような情報が飛び交っているのかを，実際の画面を示しながら解説します．

1-1 APRSとは?

APRS は「Automatic Packet Reporting System」の略称で，直訳すると「自動パケット通知システム」です（**図1-1**）．20年以上前に開発されたアマチュア無線のAX.25パケット通信をそのまま使って，東経

APRSとは
Automatic Packet Reporting System

位置情報をベースにさまざまな情報のやりとりを行う
グローバル，リアルタイムなパケット通信システム

① 【世界中】の【陸上，海上，上空の固定局・移動局】が
② 【無線やインターネットを媒体】として，
③ 【位置座標付き情報の交換】を行う

固定局

移動局
オブジェクト

気象情報

人工衛星
電子メール発信
メッセージ交換

図1-1　APRSのテーマ

何度，北緯何度という位置情報をベースに，さまざまな情報を送受信しあう「グローバル」で「リアルタイム」なパケット通信システムです．『世界中』の『陸上，海上，上空の固定局・移動局』が『無線（衛星通信を含む）やインターネットを媒体』として『位置座標付き情報の送受信』を行うことができます．さまざまな位置情報付きの情報を国内外に向けて発信し，また受信するネットワーク・システムです．現在このシステムでは南極を含む全世界で運用されており，どちらかというと日本はまだまだ発展途上と言えます．数十年前に一世を風靡（ふうび）したパケット通信を利用している点は当時と同じですが，やりとりしている「情報の内容の豊富さ」や「情報の流通ルート」が大きく異なります．

APRS運用局が送受信している代表的な情報としては，移動局や固定局の位置と情報，気象情報，オブジェクト情報，メッセージ交換，インターネットの電子メールなどがあります．最近では電子メールから

APRS運用局へメッセージを送ることもできます．

APRSは，相互にデータやメッセージを交換することにより生まれてくる新たなリレーション（双方向コミュニケーション）をきっかけにして，うきうきするような楽しいイベントに参加したり，同じ趣味をもつ新しい友人を作ったり，新たな技術探求が始まることを目的としており，移動しながら位置座標を発信して地図上に表示された軌跡をながめて楽しむだけのものではありません．軌跡をながめるだけの楽しみならGPSロガーのほうがはるかに優れています．APRSでは，全運用局（参加者）がアクティブに自らが情報を発信する（チャンスを作る）ことが重要です．

近くをほかのAPRS運用局が移動していれば交信やアイボールのチャンスです．移動中に近くでバーベキュー大会をやっているというオブジェクト・ビーコンを受信したら，飛び入り参加！ そのようなノリを想像するとわかりやすいと思います．

 ## 1-2 APRSで飛び交う情報

　まずは手軽にパソコンでGoogle Maps APRSというWebサイト（URL https://ja.aprs.fi）を見てみましょう（**図1-2**）．このサイトでは局の位置情報などをすぐに見られます．例えば，家のシンボルで表示されているものは，固定局から発信されたその固定局の位置と情報を示します．

　APRS情報を受信すると，このような地図やトランシーバのディスプレイなどに情報発信局のコールサイン，情報発信位置と情報の種類がアイコン（シンボルという）で表示されます．これをクリックすると，オペレーターが発信している情報の詳細を見ることができます（**図1-3**）.

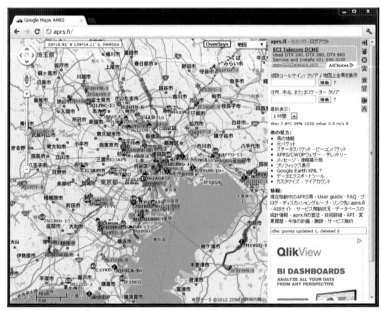

図1-2　Google Maps APRSのようす

ポピュラーな移動局

　固定局の場合はこのシンボルは動きませんが，移動局では移動状況を表示します．最もポピュラーな移動局はモービル（自動車）で，GPS受信機によりつねに自己位置を測位し，その情報を発信しながら移動しています．ほかの移動局としては人や自転車，電車，また最近ではヨットや飛行機なども見かけます．その情報を受信した側では，**図1-4**のように地図上にその移動局の移動状況が時事刻々と表示され，移動状況がリアルタイムに確認できるほか，その局が発信している，移動方向，移動速度，メッセージなども表示できます．

　渋滞の中にいるとか，かなり飛ばしているなとか，

図1-3　情報の詳細

図1-4　移動局の軌跡

もうすぐ目的地に到着だな，というようなことがこの画面で知ることができます．ある意味，APRS運用をしながらの運転では，多くの局に法定速度を遵守しているかどうかまでもがモニタされるので，注意も必要です．もちろん，国内のみならず，全世界の現在の移動局の状況が把握できます．

APRS気象局

図1-5，図1-6はAPRS気象局（ウェザ局）から送信された気象情報の内容です．APRS気象局は自局位置の屋外における気温，湿度，気圧，風向，風速，雨量などを各種センサにより観測し，それをAPRSビーコンとして世界に向けて発信しています．ひじょうに多くの局がその場所の気象情報を発信しており，誰でもリアルタイムに世界中の詳細な気象観測情報が入手で

きるという点で価値は高いと思います．

例えば，各地のAPRS気象局が観測したデータの変化を見ていると，台風の移動状況などがリアルタイムに推測できることもあります．また，米国にあるCitizen Weather Observer Program（CWOP）という組織では，世界中の個人が観測した気象情報を収集し，これをAPRS気象ビーコンとして全世界に向けて発信しています．

また，海外からは全世界の地震の震源座標や強度，台風の現在位置と予想進路なども配信されています．これは日本でいう気象庁のような米国の機関からリアルタイムで情報を入手し，ボランティアがAPRSネットワークにその情報を発信することにより実現しています．台風，地震についてはp.13 図1-8のように表示されます．

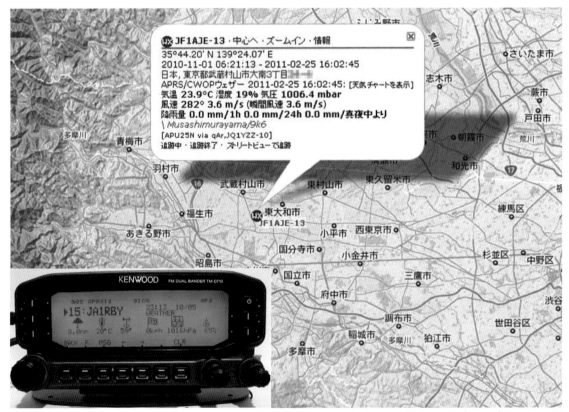

図1-5 APRS気象局のGoogle Maps APRSでの表示例とAPRS気象局のデータをトランシーバで受信しディスプレイに表示したようす

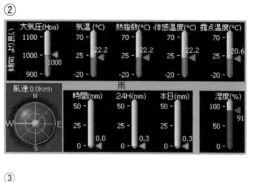

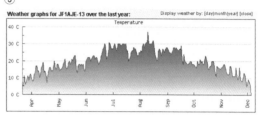

図1-6　①，②はAPRS気象局を受信してUI-View32（APRSアプリケーション）で表示したようす．③はGoogle Maps APRSで表示させたAPRS気象局データに基づく気温変化のグラフ

そのほかの移動体

　海外では，気球（バルーン）や海上ブイにAPRS発信機を仕掛けて，移動状況を観測するという実験なども行われています（**写真1-1**）．

写真1-1　バルーン実験のようす

メッセージング

　APRSでは音声の通信はできませんが，リアルタイムなメッセージ交換ができます．いわゆるチャット（文字通信）です．あて先にコールサインを指定してテキスト・メッセージを発信することができ，送達確認のAck（アック・ノウレッジ）により相手局に届いたかどうか確認できます．また，あて先なしの全世界向けの一斉同報や特定グループあての同報も可能です．いまや携帯電話でもできるものなので，目新しさはないのですが，相手局の移動状況を見ながら，その局とチャットをするというのはAPRSならではの機能です（p.12，**図1-7**）．

電子メール機能

　APRSでは，インターネットの電子メールを送ることができます．電子メールのアドレスとメッセージを，APRSの電子メール・サーバ（米国）あてに送ると，このサーバがメッセージを電子メールに変換してイン

図1-7 メッセージのやりとりのようす．トランシーバでもメッセージのやりとりができる

ターネットに送出してくれます．もちろん，携帯電話でこのメールを受信することもできます．最近ではインターネットの電子メールからAPRS運用局へメッセージを送ることもできるようになりました．ICT[※1]が普及した現在では，一見たいした機能ではないのですが，携帯電話が使えない，もしくは存在しない地域でも，APRSネットワークにアクセスできれば，世界中どこにいても電子メールができるともいえます．

日本ではそのような場所は少ないと思いますが，世界ではまだまだあるのではないでしょうか？ 例えば，サハラ砂漠の真ん中からAPRS衛星を経由させてメッセージを送ることで「無料」で世界中に電子メールが送れるのです．

オブジェクト情報（図1-8）

APRSには自動的に発信される情報も多種あります．例えば，台風情報と地震情報です．これらの情報は，「この場所に，この情報あり」というように，位置座標に情報を結びつけて発信することにより，それを受信した局でその場所に何があるかなどがわかるようにします．このように，オペレーターの居場所を示しているわけではない情報を「オブジェクト情報」と

※1　ICTとはInformation and Communication Technologyの略で情報通信技術を意味する．

呼んでいます.

　図1-8のオブジェクト情報の例で台風のオブジェクト（台風情報）は3日先までの予想進路が表示されています. 地震オブジェクト（地震情報）では, 発生時刻やマグニチュードがわかります. オブジェクト情報は, 台風や地震の情報だけではなく, さまざまな情報を他局に伝える手段として使用されます.

　例えば, アイボール・ミーティングなどのイベントがあるようなとき, 開催場所を自局の場所とは別に, 各APRS運用局の地図上にシンボルで表示させ, 報知

することができます. また, ミーティング名, 開催日時, 住所, 連絡用周波数などをあわせて知らせることが可能です.

　アマチュア衛星の軌道もオブジェクト情報として発信されています. APRSは人工衛星とも親和性が高く, APRS用の中継局やテレメトリの発信局として動作する人工衛星が軌道上を航行しています.

　また, オブジェクト情報とあわせて, 他局の移動状況を見られるので, 誰が到着したか, 誰が道に迷っているかなどが把握できます.

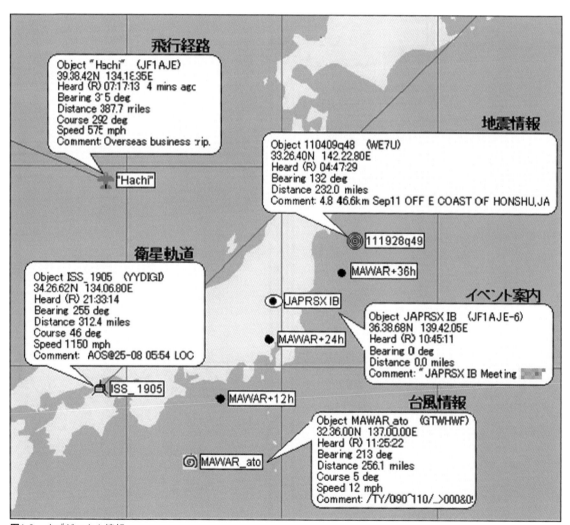

図1-8　オブジェクト情報

　米国の国家機関（米国地質調査所"USGS"）が発信する情報を米国のアマチュア無線家がAPRSネットワークに発信してくれています．これを「地震オブジェクト」といい発生座標，規模，深度が見られます．このデータから2011年3月11日の東日本大震災発災前後のようすを振り返ってみます．

【気仙沼沖に地震オブジェクトが頻出】

　3月11日の朝，地震が頻発していることがわかります．短期間にこのように多くの地震オブジェクトが一定の地域に集中して表示される状況は，これまで見たことがありませんでした．

【東北地方のAPRS運用局のシンボルが消失】

　地震発生後，東北地方からAPRSのシンボル（APRS運用局が発信する情報を示すアイコン）が一斉に消えてしまいました．東北地方は震度6強以上に見舞われているので，通信インフラが故障している可能性が高いと思いましたが，15時45分ごろには，東北地方の広域で地上通信回線を含む公衆通信網と電力給電がダウンしていることが確認でき，それが原因で各APRS運用局の発信するビーコンがAPRSサーバに送られずにシンボルが消えたと

わかり，少し安心しました．

【東北地方のAPRS運用局のシンボルが復活】

　APRSのシンボルが再び表示され始めたのは，それから20時間後の秋田県からでした．通信インフラ，電力インフラの復旧とともにシンボルは各地で復活し始めました．通常APRSの固定局は30分ごとに自己位置を通知するビーコンを自動発信しています．つまりある意味，APRSは通信網や電力網の復旧モニタの役割も果たすことにもなったのです．

　アメダスが正常に動作していなくても，APRS気象局により福島第一原子力発電所近くの風向，風速を知ることができました．

　このほかにも，流星散乱通信実験，DXクラスター機能，無線局方向探知などAPRSの機能はきわめて多彩で，世界中でいろいろな方がいろいろな内容で楽しんでいます．もちろん国内のみならず，全世界のAPRS運用局が多種多様なビーコンを発信しており，パソコンのソフトウェアなどで現在の状況をリアルタイムにモニタすることができます．

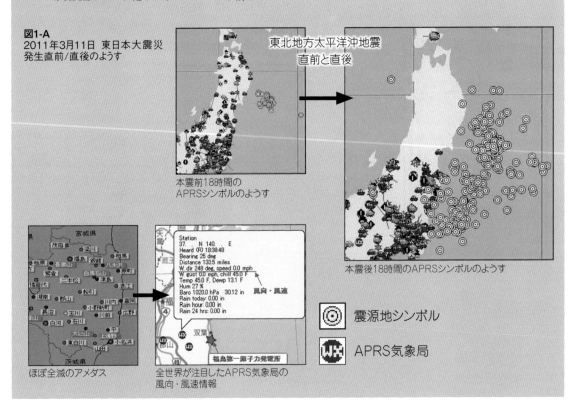

図1-A
2011年3月11日 東日本大震災
発生直前/直後のようす

東北地方太平洋沖地震
直前と直後

本震前18時間の
APRSシンボルのようす

Station
37. N 140. E
Heard (R) 18:38:48
Bearing 25 deg
Distance 133.5 miles
W. dir 248 deg, speed 0.0 mph
W. gust 0.0 mph, chill 45.0 F
Temp 45.0 F, Dewp 13.1 F
Hum 27 %
Baro 1020.0 hPa　30.12 in　風向・風速
Rain today: 0.00 in
Rain hour: 0.00 in
Rain 24 hrs: 0.00 in

福島第一原子力発電所

ほぼ全滅のアメダス

全世界が注目したAPRS気象局の
風向・風速情報

本震後18時間のAPRSシンボルのようす

◎ 震源地シンボル

WX APRS気象局

1-3 APRSの魅力と現状

APRSの魅力

「APRSの魅力はなに？」と問われることがあります．「なんとなくおもしろいから続けている」というのが筆者の本音ですが，実はさまざまな技術的要素，知識が含まれているジャンルだからおもしろいと感じていることに気がつきました．ただビーコンを出しているだけならば，とうに飽きていたに違いありません．

整理してみると，やりとりされている情報内容には移動体を含む位置情報，メッセージング（チャット），気象/地震/台風情報，DXクラスター情報，そしてさまざまなオブジェクト情報などがあり，それらを支えている技術や知識としては，位置測位技術，つまりGPSに関する技術，総合的な無線通信技術としての移動体パケット通信技術，衛星通信，気象観測やその分析，デジタル地図の使い方や座標系，測地系の知識，

インターネット，パソコン，少々の英語力，そしてそのほかにも地学や海洋科学など，実にさまざまな技術，知識が盛り込まれています．

このようにAPRSは複数の技術や知識を複合的に活用して運用するもので，その中の一つでも興味があれば十分楽しめるジャンルだと思います．

移動しながらのパケット通信も，音声通信ではわからなかった発見や技術鍛錬ができる内容が数多くあります．何か新しい分野にトライしてみたい方や，これらのジャンルのうちいずれかの分野に興味のある方，英語にチャレンジしたい方にも，もってこいのジャンルではないでしょうか．

ユーザー同士の交流も盛んです（p.16，**写真1-2**）．ハムフェアや支部大会などのイベント会場に出展したり，各地で交流会（ミーティング）も開催されています．内容は親睦と情報交換，議論もあります．

APRSの魅力

さまざまな技術を複合的に活用してさまざまな情報のやりとりを行う

●やりとりされている情報内容は極めて多彩
・移動体位置情報　・メッセージング（チャット）・気象/地震/台風情報
・DXクラスター　・オブジェクト　・NEWS　・その他

●活用されている技術が多種多様
・GPS（位置測位）・移動体パケット通信　・衛星通信　・気象観測
・デジタル地図　・インターネット　・パソコン　・英語

上記のいずれかに興味がある or 他局と異なった新しい分野にトライしたい

最適なジャンル

図1-9　APRSの魅力とは?

写真1-2　APRSはコミュニケーション・ツール．上手に使って交流の幅を広げよう！

写真1-3　APRSの発案，開発者WB4APR，Bob Bruninga

APRSの歴史

　ここで，APRSのパイオニア諸氏に敬意を表して，簡単にAPRSの歴史を紹介しておきます．APRSの発祥の地は米国で，WB4APR Bob氏（**写真1-3**）により1990年代初頭から開発が始まりました．当初は無線のみのシステムだったのですが，その後パソコンやインターネットの普及とともに，Windows版のクライアント・ソフトウェアが開発されたり，APRS-Internet Systemが開発され，全世界が共通のインフラでつながったグローバル・システムへと発展しました．

　一方，日本では日本独自の位置情報システムの開発が始ま

り，独自路線（ナビトラ）を歩み続けます．APRSは隠れた存在になり，2003年末に至るまでその運用局は数局に限られ，世界のAPRS界においては，日本は珍局といわれるほどアクティビティーが低い状態が続いたのです．

　日本の状況が変わり始めたのは2004年後半からで，最近では毎月多くの新規開局があり，常時運用局も現時点で数百局以上（移動局も多数）を数えます．

　インターネット技術との融合とメジャー化により，通信履歴の参照をはじめとするさまざまな機能がAPRSに付加され，現在でも新たなアプリケーションの開発が進行しています．すでにD-STARやEchoLinkとの融合も一部で実現しています．

日本のAPRS運用局数推移

　図1-10は日本のAPRS運用局数の推移を2004年正月〜2011年正月まで，局種別ごとに集計したグラフで，移動局，気象局の増加が著しく，2004年1月1日にはたった12局しかなかった日本のAPRS運用局が，2006年後半から激増し，その勢いは現在も継続しています．特に移動局の増加はすさまじく，固定局を超える勢いです．いまや全国津々浦々でAPRS移動局が盛んに走り回っています．

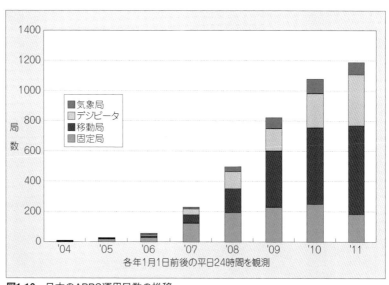

図1-10　日本のAPRS運用局数の推移

2008年初頭からBob氏（**写真1-A**）のアナウンスの至るところに「本来のAPRSの目的」が記述されています．誤った認識や運用に対して，強く是正を求めています．これから日本のAPRS運用局はさらに増加します．皆さんに強くお願いしたいのは，まずAPRS-WG（コラム1-4参照）の指針を概要だけでも理解し，彼らが示しているAPRSを少しだけでも理解していただきたいということです．以下はBob氏のアナウンスの骨子です．

■ APRSの目的

APRSの本来の目的は，人と人との間でアマチュア無線を介してリアルタイムにさまざまな情報交換を行うことです．しかしながら，近年GPSやインターネットの普及により開発されてきたさまざまな機器，クライアントが，APRSの本来の目的ではない移動車両の追跡モニタに重点を置いてしまったため，多くのオペレーターや新規参入者がAPRSというものを車両追跡システム（トラッカー）と誤解してしまっています．

APRSは決して車両追跡システムではありません．オペレーター全員が各種情報の提供を行う，他局とのコミュニケーションを行うためのインフラとシステムです．APRSシステムはその目的を目指して仕様が決められ，インフラが構築され，運用規定が定められています．

そしてこのさまざまな情報とは，ローカルのアマチュア無線局の運用状況やイベントなど，自局の周りで起こっていることすべてを意味し，これらの情報を高い信頼性でできるだけリアルタイムに共通のインフラに流通させるためのローカル・データ・チャネルがAPRSの運用周波数です．また，これらの電波（RF）で流通する情報は，ネットワークに接続している全世界のAPRS運用局が受信することができ，共通化，標準化された表示形式で容易に確認することができます．

これらを実現するために，APRSにはさまざまなガイドラインが設けられており，これらを遵守することにより世界中に張り巡らされたAPRSインフラが秩序を持って効率よく稼動することができているのです．さらにもっとも重視される「移動局」が，ローカル情報を確実に入手でき，また近傍の移動局や固定局と円滑なメッセージ交換ができるよう，RFネットワーク構築のルールも策定しています．まとめると，「APRSとは，おもに双方向通信による移動体情報交換システムで，移動体がその周囲の環境，イベントなどのすべてをリアルタイム，かつどのような場所でも共通の手段で容易に入手できることにより，快適な運用を楽しむことができるシステム」といえます．

ちなみに，APRS情報発信の基本は電波で，というのもとても重要なポイントです．なぜなら「APRSとは移動局が移動先各地域で有益な各種周辺情報を容易に入手できるようにするもの」でもあるからです．

例えば，VoIP無線ノード局の情報をインターネット側だけに流すと，APRSの趣旨的にはあまり意味がないといえます．

写真1-A
APRSの発案，
開発者WB4APR，
Bob Bruninga

JAPRSXは，日本にAPRSが普及し始めた2003年に結成された日本で最初のAPRS推進グループで，APRS-WGと密接な関係を保ちつつグローバルな視点からAPRS網の発展のために日々活動しています．

日本には必ずしも欧米と同様のコンセプトで運用しなくてはいけないというものでもないという考え方があるようです．APRSを開発し，世界のネットワークを構築し，維持している方々が推奨している運用方法も，必ずしも従わなくてもよいという意見もあります．いろいろな考えがあるのは当然です．

しかしながら，たとえ「しょせん，趣味なのだから」といっても開発した方々のコンセプトや本来のシステムの機能や仕様を理解せず，はなから自己流でそのインフラを使うというのはいささか抵抗があります．私たちJAPRSXは，まずAPRSの概要（http://www.aprs.org/index.html）だけでも理解し，その上で気に入らないところ，日本に合わないところを判断し，できるだけAPRS-WG（コラム1-4参照）のガイドラインに沿った形で自分流，日本流の楽しい運用を見出していただきたいと考えております．ご賛同いただけますと幸いです．

コラム1-4 APRS Working Group（APRS-WG）とは?

写真1-B APRSワーキング・グループ. APRSの開発を支えてきた人々

APRS（Automatic Packet Reporting System）は1990年代初頭にWB4APR, Bob Bruninga氏によって提唱され, 開発が始められました. その後, 1999年にはAPRSに関する仕様・運用規定などを策定し, これを全世界に啓蒙するためにAPRS Working Group（APRSワーキング・グループ, 以下APRS-WG）が結成され, 現在も多くのボランティア（**写真1-B**）とともに仕様作成・システム開発・維持・改善を行っています.

APRSの生みの親であるBob氏は, Father of APRS（APRSの父）と呼ばれ, このAPRS-WGの責任者でもあります. APRSの新旧さまざまな仕様がAPRS-WGにより検討・策定され, 運用ガイドラインもこのAPRS-WGよりアナウンスされ, 欧米諸国ではこのガイドラインに則って運用されています.

- The APRS Working Group Charter（宣言書）and Bylaws（内規）
ftp://ftp.tapr.org/aprssig/aprsspec/announcements/APRSWG_charter.pdf
- APRS Working Group Membership（メンバー）
http://www.aprs.org/aprs11/aprswg.txt
- APRS仕様・運用の啓蒙のために開設されたBob氏のWeb
http://www.aprs.org/index.html

1-4 APRSネットワークのしくみ 〜全体像と情報の流れ〜

APRSの通信経路は多岐におよびますが, ここでは情報発信源として日本のAPRSモービル局から発射されたビーコン（データ）の流れを例に説明します（p.20, **図1-11**）.

①GPSで自己位置座標を得た移動局は, その情報を無線（パケット通信）で送信します. この信号（電波）は直接もしくは②デジピータを経由して, ③I-GATE（アイゲート）とほかのAPRS運用局に届きます.

I-GATEは無線で受信したこの信号をインターネット経由で④国内のTIER-2サーバ（中継サーバ）を経て, ⑤米国のCOREサーバへ送り込みます. このようにして, 全世界のAPRS運用局から発信された情報はいったんすべて米国のCOREサーバに蓄積されます.

次にAPRS情報の受信です. 世界各地の⑥APRS運用局は, COREサーバから各種情報を受信し, APRS対応トランシーバや固定局のパソコンでその内容を見ることができます.

もちろん移動局同士でも直接無線で情報交換は可能ですし, 近くの固定局から電波で発信されたさまざまな情報は移動局のトランシーバのディスプレイなどに表示されます. このような流れで全世界のAPRSの運用局が情報の送受信を行っています.

APRS運用状況を見てみる

ここまでAPRSの概要について解説しましたが, 次に日本のAPRS運用状況を見てみましょう. 現在ではAPRS運用状況をインターネットに接続したパソコンや携帯電話, スマートフォンなどで誰でも簡単に見ることができます. ここで紹介するサイトはダントツの人気を誇るWebサイトで, APRSの運用状況をさまざまな視点から確認することができます. Webサイト名はGoogle Maps APRS（https://ja.aprs.fi/）です（以下, aprs.fi）.

aprs.fi（p.20, **図1-12**）が表示されたら場所や縮尺を変え, 地図上に表示されるたくさんのコールサインやシンボル（p.20, **図1-13**）を見てください. これが

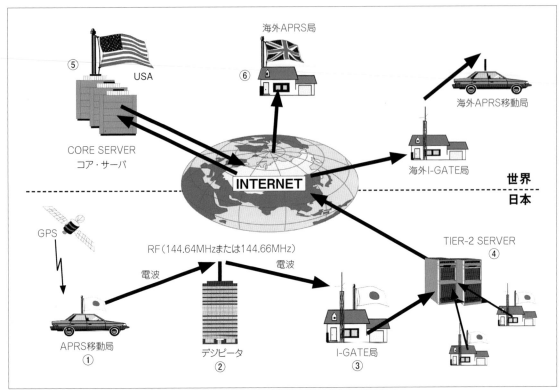

図1-11 APRSネットワークの情報の流れ

現在運用中の APRS 運用局のラ
イブ・データです．自動車など
の乗り物や人のシンボルは移動
します．移動してきた経路は線
で軌跡として表示されています．

　このaprs.fiに表示されている
ように，日本でもとても多くの
局がAPRSを楽しんでいます．

　実は，aprs.fiはAPRSのクライ
アントではなく，あくまでAPRS
ネットワーク内の状況モニタと
解析のためのWebサイトなの
で，見るだけです．実際ここに
自局を「登場」させるには，い
くつかの方法がありますが，一
つは「APRSビーコンを送信し
I-GATEにキャッチしてもらう」

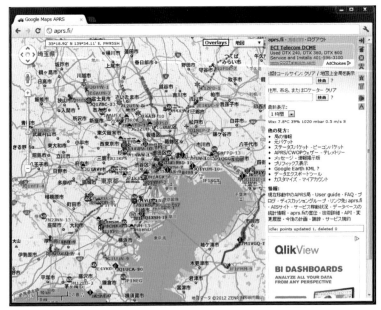

図1-12　Google Maps APRS

図1-13　シンボルと詳細

方法です．ほかにはパソコンやスマートフォンなどの
APRSクライアント・ソフトウェア（アプリケーショ
ン）を使う方法のほか，電話を使う方法もあります．
詳しくは第2章で説明します．

I-GATEとは？
無線とインターネットの間を取り持つゲートウェイ

　APRS運用局同士が直接電波が届く位置関係にあれ
ばよいのですが，APRSはグローバル・システムで，
情報発信，情報受信ともに対象はつねに全世界なので，
発信した情報はインターネットに送り込む必要があり
ます．その役目を果たすのがI-GATEと呼ばれる無線
とインターネットの間を取り持つゲートウェイ局です
（p.22，**写真1-4**）．

　モービル局などから発射されたビーコンは直接，ま
たはデジピータを経由して，I-GATEに到達します．
I-GATEでは受信したデータの内容を判断して，米国
に設置されているAPRSサーバあてにインターネット
経由で送出します．他局からこのモービル局あてに発
信されたメッセージなどのデータは，APRSサーバお
よびI-GATEの判断により，そのモービル局が通信可
能な範囲内にいると判断したI-GATEからデジピータ
を含む逆のルートで送り込まれます（**図1-14**）．

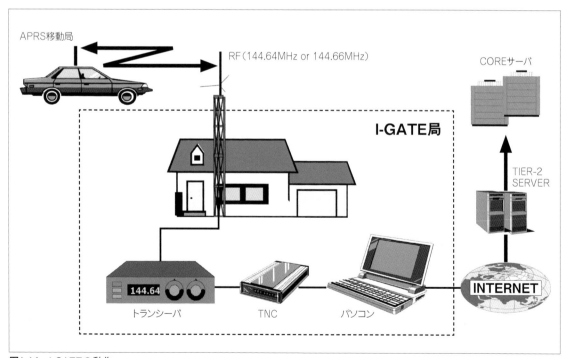

図1-14　I-GATEの動作

写真1-4　実運用中のI-GATEのようす

ーバへの中継を行う子サーバ（TIER-2サーバ）も複数設置されています.

　狭いエリアに不必要に多くのI-GATEが存在すると，一つのモービルから発信された信号が多くのI-GATEによりダブってAPRSサーバに送り込まれることになり，APRSサーバに余計な負荷をかけることになります. また，モービルあてにI-GATEからゲートされ発信される無線信号も複数のI-GATEから発信されることになり，無線トラフィックの不要な増加を招くので，I-GATEの乱立は避けなければなりません.

　I-GATEではこの情報の内容を判断して，米国に設置されているAPRSサーバあてにインターネット経由でこの情報を送信します. 日本には米国のAPRSサ

　なお，衛星デジピータとインターネットの間をとりもつ局はS-GATEと呼びます.

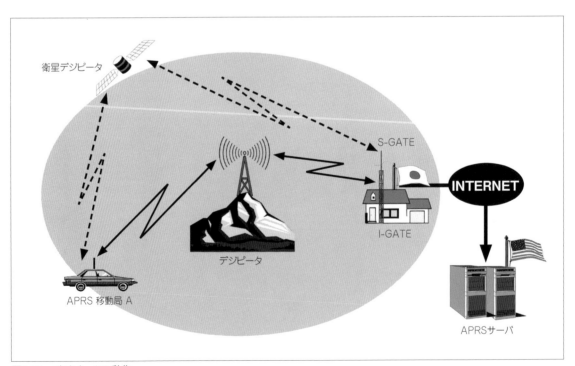

図1-15　デジピータの動作

写真1-5　山に設置されたデジピータのようす(例)

デジピータとは? 受信したデータを再送信する局

デジピータ (**写真1-5**) とはパケット・データを受信しデータを再送信してくれる局で, 中継局のように使えます. 無線区間ではデジピータにより, 遠方の局

にビーコン (データ) を伝達させることができます.

図1-15をご覧ください. APRS移動局Aの電波がI-GATEまで届かないと仮定すると, A局の位置や情報がわかるのはA局の電波が届く範囲内のAPRS運用局だけで, 先に紹介したaprs.fiにも表示されません.

このようなときに活躍するのがデジピータで, A局の電波(データ)は, 近傍のデジピータでキャッチ～再送信され, I-GATEやデジピータの伝搬範囲内にいるAPRS運用局にキャッチしてもらうことができます.

I-GATEに到達したデータは, I-GATEからサーバに送り込まれるので, aprs.fiに表示されます. タイミングにもよるのですが, 宇宙空間を航行しながら超広域をカバーする衛星デジピータ (**写真1-6**) の利用も不可能ではありません.

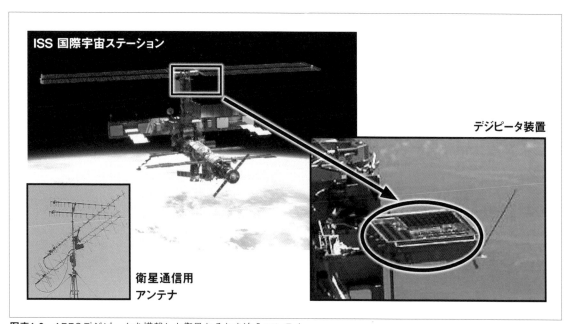

ISS 国際宇宙ステーション

デジピータ装置

衛星通信用アンテナ

写真1-6　APRSデジピータを搭載した衛星とそれを追うアンテナ

各APRS運用局（移動局を含む）は無線でビーコンを発信するときに，これらのデジピータを使うことにより，より広範囲に自局情報を到達させることができます．衛星デジピータと地上のAPRS無線回線をゲートしているサテライト・ゲートウェイ（S-GATE）も運用されています．

いまや全国各地に多くのデジピータが設置され，不要なデジピート（デジピータの送信）によるパケットの輻輳（混信）などの問題も発生しているので，運用には注意が必要です．

輻輳を起こしてしまうとAPRS通信が困難になってしまいます．デジピータは，周辺の電波状況を見ながら，地域の局同士が協力して計画的に設置するのが望ましいといえます．

APRSサーバとは

APRSサーバとは，世界中のAPRS運用局から発信される情報を受信，蓄積，配信するサーバのことで，

COREサーバと呼ばれる親サーバは米国に設置されています．

全世界のAPRS運用局がすべてこのCOREサーバに直接接続すると，COREサーバがパンクするので，各国にはTIER-2サーバ（ティアツー・サーバ），いわゆる「子サーバ」も設置されています．日本にも数か所に設置されており，日本の多くのAPRS運用局が日本のTIER-2サーバに接続しています．

APRS運用局から発信された情報は，さまざまな経路を経由してこのCOREサーバに到達し，さらにこの情報はCOREサーバから各国のTIER-2サーバを経由して各国のAPRS運用局に配信されます．

APRSシステムには，すべてのAPRS運用局の発信情報の確認や通信履歴の確認をすることができるFindUと呼ばれるサーバや，APRSのメッセージをインターネットの電子メールへゲートするE-Mailサーバがありますが，これらもこのAPRSサーバに接続されています（**図1-16**）．

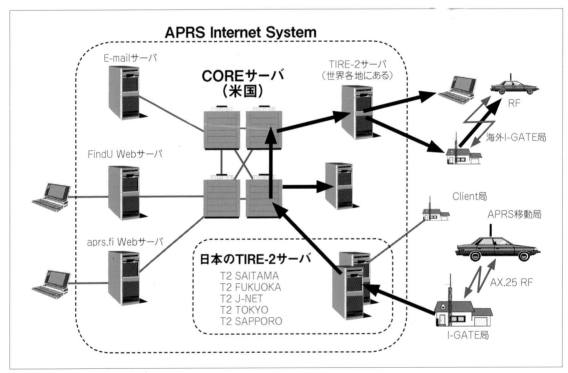

図1-16 APRSサーバのつながり

第2章

実践編
〜やってみようAPRS〜

自分でAPRSビーコンを発射すると，ほかのAPRS局（固定局，モービル局）のディスプレイや，Google Maps APRS などのインターネット地図サイトに自局の位置や情報が表示され，コミュニケーションのチャンスが生まれます．本章では，APRSのビーコンを送受信できるシステム構成を例示して，実際に組み上げることを目標に話を進めていきます．

 ## 2-1 APRSを楽しむためのシステム構成 〜何を用意すればよいのか〜

システム構成例 4題

① APRS対応トランシーバを利用

APRS対応トランシーバ（**写真2-1**，**表2-1**）を利用してAPRSに対応するのが最も簡単です．移動局を中心に日本でも多くの局がこの構成で運用しています．

APRS対応トランシーバは音声で交信する機能のほか自局や他局の位置，情報，メッセージをAPRSの仕様に基づき送受信するデータ通信の機能が付加されていて，データを表示する大きめのディスプレイを備え

ているのが大きな特徴です．

自局の位置を測るGPS受信回路は，トランシーバに内蔵されていたり，純正オプションや市販のGPS受信機で対応できるので，誰もが簡単にAPRSに対応した移動局や固定局を運用できるようになりました．

② **パソコン（PC）＋インターネット**（p.27，**図2-1**）

パソコンとインターネット環境があれば運用可能で，パソコンにAPRSクライアント・ソフトウェア（詳細はp.63〜）をインストールし，インターネットに接続するだけです．地図上でAPRS局の情報を見たり，メッセージ交換を楽しむことができます．

普段，Google Maps APRS（http://ja.aprs.fi）で見ているだけの方でも，ソフトウェアをセットアップするだけでできますから，ぜひチャレンジしてみてください．

パソコンは高性能なものを無理に利用する必要はありません．第3章で紹介するAPRSクライアント・ソフトウェア，UI-View32なら退役したWindows 2000時代のロースペックなWindowsパソコンでも動きます．ちなみに，CPUがPentium 133MHz，メモリ48MB，2GB HDDというスペックのパソコンでも24時間連続使用にしっかりと耐えてくれます．

ところが，この運用形態だとオペレーターは「アマ

写真2-1 APRS対応トランシーバの例

表2-1 APRS対応トランシーバの一例

メーカー名	型番	価格（円）	運用形態※	タイプ	GPS
JVC KENWOOD	TM-D710/S	83,790/89,040	①③	モービル	社外品対応
JVC KENWOOD	TH-D72	62,790	①③	ハンディ	内蔵
八重洲無線	FTM-350A/AH	86,800/81,800	①	モービル	純正オプション対応
八重洲無線	VX-8G	59,800	①	ハンディ	内蔵
八重洲無線	VX-8D	61,800	①	ハンディ	純正オプション対応
八重洲無線	FT1D	未定	①	ハンディ	内蔵

※運用形態は本文中の該当する項目番号を参照． 価格は税込み

チュア有線技士（？！）」になってしまいます．そこで，この形態で入門し，理解が進んだら，ぜひ無線を使った運用へのステップ・アップをお勧めします．

③ パソコン（PC）＋トランシーバでの運用（図2-2）

　APRSクライアント・ソフトウェアを導入したパソコン＋TNC＋トランシーバでの運用です．これに

GPSレシーバを加えると，移動局（モービルなど）でも運用できます．将来，I-GATEなどインフラ系の運用を目指す方には必須の構成です．

● TNCとは？

　TNCとはパソコンが送受信するデータをアマチュア無線用のトランシーバで送受信する付加装置で，

インターネット接続

インターネット接続したPCだけで運用可能

PC

INTERNET

- ・PC（例）　　：Pentium133MHz /
　　　　　　　　　Mem：48MB / HDD：2GB
- ・Internet　　：32Kbps～ Broad band
- ・ソフトウェア　：1,000円～2,000円（寄付）

図2-1　インターネットとパソコンだけでもできるAPRS. 家に無線設備がない方でもOK！

モデム（データを音声信号に変換するもの）とデータを処理するソフトウェア（ファームウェア）によりAX.25プロトコル（仕様）に則った制御により正確な（文字化けがない）データ伝送が可能です.
アマチュア無線におけるパケット通信といえばこのAX.25プロトコルを使った通信を意味し，APRSはこのパケット通信を使うことを前提に設計されています.

APRS対応トランシーバにパソコンをつないでAPRSを楽しみたいなら，内蔵TNCの全ての機能が使える（＝フルコントロールできる）トランシーバを利用すると確実です（例：JVC KENWOODのTM-D710シリーズ，TH-D72など）.

● **トランシーバの要件**

ごく普通の144MHzのFMトランシーバを使います.
9600bpsで運用したい場合は9600bps対応のTNCとデータ端子付きのトランシーバが必要です.

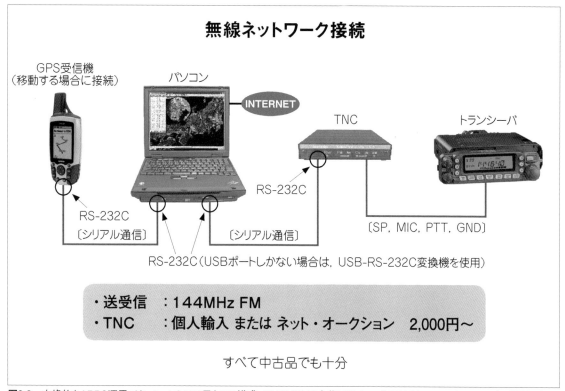

無線ネットワーク接続

GPS受信機
（移動する場合に接続）

パソコン

INTERNET

TNC

トランシーバ

RS-232C

RS-232C
〔シリアル通信〕

〔シリアル通信〕

〔SP, MIC, PTT, GND〕

RS-232C（USBポートしかない場合は，USB-RS-232C変換機を使用）

- ・送受信　　：144MHz FM
- ・TNC　　：個人輸入 または ネット・オークション　2,000円～

すべて中古品でも十分

図2-2　本格的なAPRS運用パターン. I-GATE局もこの構成. TNCはTNC内蔵トランシーバでTNCをフルコントロールできる機種でもOK

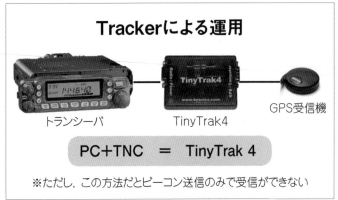

Trackerによる運用

トランシーバ　　TinyTrak4　　GPS受信機

PC+TNC = TinyTrak 4

※ただし，この方法だとビーコン送信のみで受信ができない

図2-3 気球や海上ブイなどオペレーターがいない移動体での利用を想定しているトラッカー．これをモービル機などに付けて位置情報を送信することもできるが，他局のビーコンの表示ができないのでおもしろさは半減かもしれない．APRS対応モービル機をお勧めしたい

● 各機器の接続方法

　TNCはRS-232C（COMポート）でパソコンと接続します（TH-D72はUSB接続）．トランシーバとTNCの接続は，MIC，SP，PTTをマイク端子と外部スピーカ端子またはデータ端子へ接続します．9600bpsで運用する場合には，必ずデータ端子を使います．

　モービルなどの移動運用にはGPSレシーバをパソコンに接続して運用しますが，パソコンのCOMポートがTNCとGPS受信機用に二つ必要になるので注意

が必要です．そもそも，最近のノート・パソコンにはCOMポート自体がありません．その場合は「USBシリアル変換ケーブル」を使用します．

　UI-View32は，ソフトウェアでTNC機能を実現するフリーウェア「AGWPE」[※1]と組み合わせて運用することができます．AGWPEを使う場合，パソコンとトランシーバをつなぐインターフェースを用意するだけです．

④ Tracker（トラッカー）による運用

　パソコンとTNCの代わりに，APRS信号の送信機能のみを持った小さな機器があります．移動運用で自局の位置を発信するだけなら，GPS受信機をつないだトラッカーをトランシーバに付ければ，位置情報をAPRSフォーマットに変換し，トランシーバ（マイク端子など）に送り込むことができます．

　これを用いると手軽に移動局の位置情報ビーコンを発信することができますが，位置情報を送信するのみで，他局の情報を受信したり，メッセージのやりとりができないことから，厳密にはAPRSデバイスとはいえません．

2-2 APRS対応モービル・トランシーバで　　　モービル運用の楽しさをひろげよう

写真2-2
八重洲無線のFTM-350Aでモービル局のビーコンを受信したようす．JE4HBPは自局から西方向に22km離れた場所にいて，145.00MHz（呼出周波数）を受信していることなどがわかる

※1　AGWPEのダウンロードURL http://www.sv2agw.com/downloads/

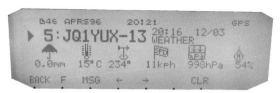

写真2-3　TM-D710で受信した気象観測情報. コールサインの後の"-13"は気象観測情報を送信する局(=気象局)を意味する番号(SSID)

写真2-4　TM-D710で受信した, JARL神奈川ハムフェスティバルの情報. 連絡周波数, 開始時間, 会場の位置がなどが表示されている. HFEST-06dはオブジェクト名で情報送信者のコールサインは脇に表示されている(obj:の右側)

APRS対応トランシーバでできること

　現在, APRSに対応したトランシーバが複数のメーカーから発売されています. これは, V/UHFトランシーバにパケット通信用TNC(=モデムに相当するもの)とAPRSフォーマットのデータを送受信するソフトウェア(=ファームウェア)を内蔵したもので, APRSのコアとなる機能を実現しています. では, どのようなことができるのか整理していきましょう.

① 位置情報を送受信

　APRS対応トランシーバは刻々と変化する移動局の位置と情報を一定時間以上の間隔をあけながら自動で送信してくれます. 手動送信もOKです. 運用周波数はデータの伝送スピードによりそれぞれ144.64MHz(9600bps), 144.66MHz(1200bps)を利用していて, 最近はハンディ・トランシーバでの利便性を研究するため, 430MHz帯でも実験的に運用されています.

　送信されたビーコンの内容はその電波を受信できたほかのAPRSトランシーバのディスプレイに表示されるほか(**写真2-2**), I-GATE局にそれがキャッチされればインターネットを経由して世界中に配信され, Google Maps APRSなどの地図サイト(p8, **図1-2**)でも表示されます.

　ビーコンは位置データとあわせて移動スピードや標高, シンボル(絵柄), 任意のテキスト(文字)などの情報とあわせて送信します. これらをうまく設定することで自局の状態をより具体的にアピールすることができ, コミュニケーションの幅を広げられます. 例えば, コメントに受信中の周波数を書いておけば, それを見つけた近所の局やなじみの局が, その周波数で呼んでくるかもしれません.

写真2-5　ハンディ・トランシーバ(八重洲無線 VX-8D)でメッセージを受信したようす. ケータイ電話のメールやショート・メッセージがあたり前になった昨今, アマチュア無線のトランシーバでもそれができる時代に

　使い方はアイデア次第です. 自局付近を移動する局の存在に気がついたら交信してみるとか, アイボール・ミーティングのときに参加者の移動のようすを把握したりなどといろいろなアイデアが浮かんできます.

② さまざまな情報を得る

　APRSには気象観測情報を送信する方法も定められています(**写真2-3**). そのほか, ミーティングなどのイベント情報(いつどこで何をやるか)やWiRES-ⅡやEchoLinkなどのノード局情報(何番のノード局がどこの周波数で運用しているか)など, さまざまな情報が送信されていて, これをオブジェクト・ビーコンと呼びAPRS対応トランシーバでも受信できます(**写真2-4**).

　現在のところ, オブジェクト・ビーコンの送信はパ

ソコンからのみですが，将来的にはAPRS対応トランシーバからも送信できる時代がくるのではないでしょうか．

また，DX情報を配信している「DXクラスター」が送信するデータを受信すると表示されるトランシーバもあります．

③ メッセージ交換でコミュニケーション（p.29,**写真2-5**）

APRS局同士でメッセージを交換することもできます．知らない局からメッセージが届くこともあります．ただし，ワールド・ワイドなネットワークなのでカナ漢字の利用は避けるのがルールです．ローマ字または英文でのメッセージ交換となります．

 ## 2-3 トランシーバ別APRS用設定の虎の巻 ～共通事項～

トランシーバ別に，APRS運用のための初期設定や操作について，現状に即した設定をまとめます．

APRS対応トランシーバはAPRSの仕様にあわせて作られていますから，設定する内容自体はトランシーバごとの違いはあまりなく，ポイントを押さえておけば，どんなAPRS対応機でも設定できるようになるはずです．

各機種共通，設定のポイント

APRS対応トランシーバを買ってきて，電源を入れてスグにAPRS運用！というのはちょっと無理があります．まずは初期設定を行い，初期設定後は，ビーコンのON/OFFの方法とディスプレイの読み方，メッセージの送受信のやり方をマスターすれば，ベテランと肩を並べて運用できるようになるはずです．

図2-4に各機種共通の設定手順のフローを示します．将来，新しいAPRS対応機種が登場したときも，この点を押さえておけば大丈夫であろうという，必要最低限の設定です．

フローチャート各項目の補足説明

① GPSを利用するかどうか検討

移動局の場合はGPSを利用するのが一般的ですが，ずっと同じ場所にいる固定局の場合など，GPSを利用するかどうかは任意です．

② GPS利用の有無とそれにあわせた設定

GPSの利用有無により設定作業が異なります．GPSをつながない場合は，緯度経度を地図で調べて入力し，トランシーバ内の時計も手動で設定します．

③ 自局のコールサイン設定

運用形態によってコールサインの後ろに付ける数字（SSIDという）が変わります．固定局なら"コールサインのみ"，モービルなら"コールサイン-9"です．

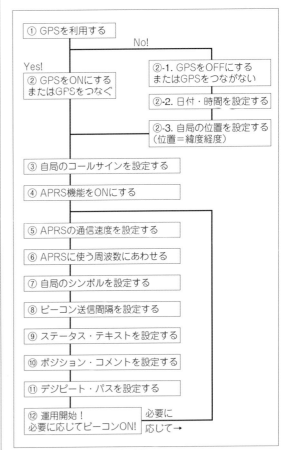

図2-4 各機種共通・設定手順のフロー

詳しくは第5章 資料編 p.130をご覧ください.

④ APRS機能を有効にする

APRSの機能は，初期値ではOFFの場合がほとんどです．ONにして各種設定を行います．

⑤ パケット通信（APRS）の通信速度を選ぶ

APRSで送受信するパケット通信の通信速度を設定します．1200bpsと9600bpsが使われているので，地域の実情にあわせます．まずは9600bpsで，駄目なら1200bpsで試すという手順がよいと思います．APRS機能のON/OFFと通信速度設定を一つのメニュー項目で行うトランシーバもあります．

⑥ パケット通信の速度により周波数を選ぶ

上記の通信速度により，1200bpsなら144.66MHz,9600bpsなら144.64MHzです．一部の地域では，431.04MHz（1200bps）,431.09MHz（9600bps）も使われています．

⑦ 自局のシンボル（アイコン）を選ぶ

第5章 資料編 p.129を見て，自局の運用環境に最も近い絵柄を選んで設定してください（例＝車で運用するなら車のアイコンなど）．このアイコンは誰もが見られるWebサイトで表示されます．全世界に配信されるので，いい加減な設定は避けます．

⑧ ビーコンの送信間隔

固定局の場合は30分以上，移動局の場合は2分以上に設定するか，またはスマート・ビーコンを有効にします．

⑨ ステータス・テキストの設定

例えば，音声で交信するためにワッチしている周波数やコメントを入力します．詳しくは第5章 資料編 p.129をご覧ください.

⑩ ポジション・コメントの設定

すでにいくつか用意されている内容の中から適切なものを選択します．メッセージの送受信ができるなら "In Service"，メッセージ交換ができない，したくないときは "Off duty" に設定します．

⑪ デジピータ起動の文字列（デジパス）を指定

デジピート・パス（デジパス）は "WIDE1-1" のみに設定します．固定局の場合はなし（"None"または "WIDE1-1 off"）に設定します.

⑫ 運用開始！

APRSの運用を開始します．ビーコン送信のON/OFFの方法とメッセージ機能を中心に操作できるようにしておくとよいでしょう．

2-4 トランシーバ別APRS機能設定ガイド
JVC KENWOOD TM-D710シリーズ

写真2-6 JVC KENWOOD TM-D710

JVC KENWOOD TM-D710でAPRS

　APRS運用のための設定，操作方法について，APRSが初めての方でも，すぐに実践できるように必要な部分のみを順を追って示しながら説明します．

　［　］の中は，メニュー項目とその設定手順です．初期状態（購入時の状態）にあることを前提にしますが，初期状態に戻したい場合は［F］キーを押しながら電源ONで［フルリセット］を選択してください．

● TM-D710シリーズの特徴

　TM-D710シリーズ（**写真2-6**，以下，TM-D710）はTNCとAPRS通信用ソフトを内蔵したモービル・トランシーバで，APRSビーコン（パケット・データ）の送受信，表示，メッセージの作成と送受信などを行うコントローラが付属しており，これ1台でAPRS運用が可能なほか，単体でデジピータも運用できます．

　さらに，内蔵TNCを一般的なTNCのようにフル・コント

ロールできるので，I-GATEなどのインフラ系システムの運用も可能です．

　GPSレシーバはTM-D710G/GSには内蔵されています．TM-D710/Sは別途GPSレシーバをつなぎます．気象観測装置を接続すればAPRS仕様に準拠した気象観測局を運用できます．

● メニュー設定モード

　TM-D710のAPRSに関する各種設定は，周波数や運用バンドの設定などの一部の機能を除いて，［F］→［同調つまみを押す］で選択される「メニュー設定モード」（**写真2-7**）で行います．よく使うので，この操作はしっかり覚えておきます．

　メニュー・モードの中では，［同調つまみ］で項目を選択し，同調つまみを押すことで設定内容を決定します．押しボタンは，［BACK］が前の項目に戻る，［ESC］がメニュー・モードを抜ける，という動作になります．

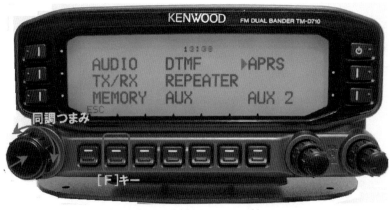

写真2-7 Fキーを押した後，同調つまみを押すとメニューが出る

APRSビーコンを受信するための初期設定

はじめに，APRSビーコン（パケット通信で送信される各種情報）を受信するための設定を行います．

① 内蔵時計をセット（TM-D710/Sのみ）

[524：AUX→DATE，TIME，TIME ZONE]

内蔵時計は受信データ履歴管理に必要なので，最初に設定します．GPSレシーバが接続されている場合，GPS衛星からのデータで自動的に時間をあわせることもできます．日本のTIME ZONEは「＋9」です．

② データ・バンドの設定

[601：INTERNAL TNC→DATA BAND＝"A-BAND"]

この表記は［APRSメニュー］の［メニュー番号601］の［INTERNAL TNC］の項目で［DATA BAND］を選択（同調つまみの回転とプッシュ）し，「A-BAND」を選択（同調つまみの回転とプッシュ）することを示しています．初期設定では，パネルの左側にある周波数表示がAバンドで144MHz帯，右側がBバンドで430MHz帯となっています．APRSは144MHz帯で運用されているので，データ・バンド（APRS通信を行うバンド）はAバンドに設定します（**写真2-8**）．

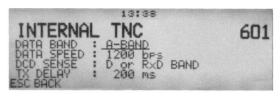

写真2-8　「DATA BAND」は"A-BAND"に設定する

③ Aバンドの周波数をあわせる

日本のAPRS運用周波数は一部の地域を除きパケット通信の伝送スピード別に，144.64MHz（9600bps GMSK），144.66MHz（1200bps AFSK）が使われています．

地域によってはインフラが未整備で，受信できない地域があるかもしれません．この二つの周波数を中心に探ってみましょう．1200bpsパケットはビーギャー，9600bpsパケットはザーという音に聞こえます．

④ データ・スピードの選択

[601：INTERNAL TNC→DATA SPEED＝"1200bps"]

APRSパケット通信速度を設定します．先に説明した運用周波数とボーレートを参考に，1200bpsまたは9600bpsを選びます．

⑤ APRSモードを選ぶ

[周波数表示場面でパネル右部のキー："TNC"を押す]

TM-D710にはTNCとAPRS用コントローラ（内部ソフトウェアによる機能）が内蔵されていますが，「PACKETモード：内蔵のTNCをパソコンに接続して使用する」か，「APRSモード：内蔵TNC＋コントローラを使用」するかを選択します．ここでは，TM-D710単体でAPRS運用ができる「APRSモード」を選択します．

この設定はメニュー・モードではなく，周波数表示画面（ESCキーでメニュー・モードを抜ける）のパネル右側にある［TNC］キーを押して設定します．モードが「APRSモード」に設定された場合，パネル左上に「APRS12」または「APRS96」と表示されます（「12」は1200bpsを意味する）．

⑥ 受信画面内容

写真2-9はAPRSパケットを受信したときの表示（割り込み画面）のようすです．本機には受信パケットに含まれるさまざまな情報を表示し，蓄積する機能が搭載されています．通常，操作パネルは周波数や信号強度を表示していますが，パケットを受信すると自動的にそのデータ内容を10秒間表示します．表示中に［DETAIL］を押すと，より詳細な受信データの内容を表示します．［ESC］で元の表示に戻ります．

写真2-9　受信割込画面でDETAILを押すと，詳細情報を表示

⑦ 受信済みAPRSデータの表示

パネルの［LIST］キーを押すと，「ステーション・リスト画面」が表示され，受信したAPRS局のリストを参照できます．最新の100局ぶんが記録され，表示できます（詳細後述）．

⑧ **アイコン（シンボル）一覧**

APRSビーコン（情報発信するためのパケットを特に「ビーコン」という）には，発信局の種別を示すアイコン情報が含まれています．その種類は200種類以上ありますが，代表的なアイコン（**図2-5**）についてはビーコン受信時に本機のパネルで表示されます．シンボルについては第5章 資料編 p.129のシンボル（自局アイコン/STATION ICON）の選択例をご覧ください．

図2-5 TM-D710でグラフィックで表示されるシンボルのようす（一例）

> ## APRSビーコン発信のための初期設定

① **文字入力に慣れる**

コールサイン設定やメッセージ作成時に避けては通れないのが文字入力です．TM-D710にはキーパッド付きのマイクが付属しており，このキーを使用して文字入力を行います．頻繁（ひんぱん）に使用するので，取扱説明書のpp.41～42を参照して基本操作をマスターしましょう．

② **コールサインの設定**

[600：BASIC SETTING→MY CALLSIGN＝"自局コールサイン"]

すべての送信パケット（データ）には自局コールサインを含めなければなりません．ここでは自局コールサインを設定します．

コールサインは「JF1AJE-9」のように，コールサイン本体とこれに続く「-9」（数字は1～15）というような「SSID（Second Station Identification）」で構成（SSIDなしもOK）され，SSIDの数字には意味付けがされています．固定局で使う場合はSSIDを付けないコールサインを設定します．詳しくはp.130をご覧ください．

③ **ビーコン・タイプ**

[600：BASIC SETTING→BEACON TYPE＝"APRS"]

TM-D710はAPRSとNAVITRAの両機能を搭載して

おり，受信に関しては切り替え不要でパケットの種別を自動判別して表示します．データ送信について，どちらのパケットを送信するかをここで設定する必要があるため，「APRS」を選択します．APRSに切り替わっている場合，パネルの左上に「APRS12」または「APRS96」と表示されます．

④ **自局位置（TM-D710/Sのみ）**

[605：MY POSITION→POSITION CHANNEL＝"1"を選択し［USEキーを押す］，NAME＝"BASE"，LATITUDE＝"緯度"，LONGITUDE＝"経度"]

APRSではほとんどのビーコンに，発信場所もしくはその情報内容にヒモ付けされた位置座標（緯度，経度）が含まれています．ここでは自局の位置座標を入力します．

座標系は世界測地系の「WGS84」を使用します．自局位置座標は，住所などから変換してくれるWebサイトもあり，簡単に求められます．

【参考】次のWebサイトで住所を入力すると，座標が求められます．

http://www.geocoding.jp/

APRSでは座標表現が一般的に使用されている「XX度YY分ZZ秒」ではなく，「XX度YY.YY分」なので注意してください．

⑤ **自局アイコン**

[610：STATION ICON＝"HOME"]

APRSビーコンを発信する場合，発信局の種別もしくは発信データの属性を示すアイコン情報（シンボルともいう）をビーコンに含めます．受信局ではこのアイコンがパネルもしくはパソコンの地図上に表示され，発信局の判別を容易にします．ひとまず自宅局（固定局）に設定しましょう．「HOMEアイコン」（**図2-6**）を選びます．

Homeアイコン

図2-6 固定局を示す"Home"アイコン

6. **ポジション・コメント**

[607：POSITION COMMENT＝"In Service"]

自局アイコンとともに自局の状態を示す情報（ポジション・コメント）も設定しましょう．オペレート（メッセージ交換を含む）が可能な場合は「In Service（運用中）」，応答できないときや応答する気がないときは，「Off duty（非オペレート中）」を選択します．

【注意】選択肢にある "EMERGENCY！" は，まさに緊急事態の場合で救援を求める場合以外は，絶対に選択（発信）しないでください．世界共通のルールです．

⑦ ステータス・テキスト

[608:STATUS TEXT→ "1 TEXT" を選択し，[USE]キーを押し，コメントを入力]

アイコン，ポジション・コメントに加え任意のステータス・テキスト（最大42文字のコメント）を付加できます．運用地名やハンドル名など（図2-7）を記載している例が多く見られます．

```
*1 TEXT : "Hachi" in Tokyo JAPAN
```
図2-7　ステータス・テキストの設定例

⑧ ステータス・テキスト送信頻度

[608:STATUS TEXT→TX RATE = "1/1" を選択]

自局ビーコンは後述の「パケット送信方法」の項でも設定しますが，そのビーコンにステータス・テキストを付加する頻度をここで設定します．1/2は，ビーコン発信1回おきにステータス・テキストを付加発信する設定です．固定局では1/1（毎回付加）でよいでしょう．

⑨ パケット・パス・タイプ

[612：PACKET PATH→TYPE = "New-N PARADIGM"，WIDE1-1: "ON"，TOTAL HOPS: "1"]

自局が発信したパケットを遠隔地へ伝達させたい場合，どのようなデジピータを経由させるかを設定するところで，日本では上記のように設定します．

⑩ パケット送信方法

[611：BEACON TX ALGORITHM→METHOD = "AUTO"，INITIAL INTERVAL = "30"，DECAY ALGORITHM = "OFF"，PROPORTIONAL PATHING = "OFF"]

自局ビーコンを発信する方法の設定です．手動と自動，その組み合わせによる発信と，ビーコンを発信する間隔を設定します．

多くの局が短い間隔でビーコンを発信すると，混雑してしまい，信号の衝突などで情報の伝達率が著しく低下します．固定局では30分以上，移動局では1分以上の間隔を空けるよう推奨されています．

移動局（モービル）で使う場合の準備と設定

① GPS受信の準備・設定（TM-D710/Sの場合）

移動局運用時の自局位置（座標）はGPSレシーバから取得し，位置情報ビーコンとして定期的に発信するので，GPSレシーバが必要になります．GPSレシーバは操作表示部がなく，パソコンなどに接続して使用するモジュール・タイプ（1万円ほど）の物から表示画面付きで単体で使用できるハンディ・タイプ（2万円以上）の物までさまざまなものが市販されています[2]（写真2-10）．いずれのタイプも仕様を満たせばTM-D710/Sに接続して使用することができます．

GPSレシーバを選択するときのポイントとしては，測位した位置情報をRS-232Cで出力でき，出力データ・フォーマットはNMEA0183，測地系はWGS84であることです．あわせて，DC12V外部電源が使用できると使い勝手がよくなります．

GPSレシーバと本機はTM-D710/S付属の「データ・ケーブル」を利用して接続します（図2-8）．その後，次の設定を行います．

[602：GPS PORT→BAUD RATE = 4800（GPSレシーバに合わせる），INPUT = "GPS"，OUTPUT = "OFF"]

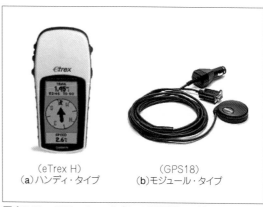

　　(eTrex H)　　　　　(GPS18)
　(a)ハンディ・タイプ　(b)モジュール・タイプ

写真2-10　GPSレシーバ（GPS受信機）の例

※2　参考になるWebサイト
http://www.spa-japan.co.jp/　（株）SPA

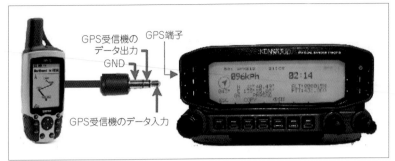

図2-8 TM-D710/Sの場合は付属のケーブルを利用してGPSレシーバと接続する

TM-D710による移動局運用ではメッセージ交換が可能なので，オペレート可能を示す「In Service」がよいでしょう．

また目的地への移動中は「Enroute」，帰宅中は「Returning」などが使用されています．

⑤ ステータス・テキスト

［608：STATUS TEXT→TEXT＝"任意のコメントを入力"，TX RATE＝"1/5から1/8"］

コメントは任意に記述してください．移動局の送信頻度（TX RATE）は，送信間隔が1分以上と固定局（20～30分）に比較して短いので，RFトラフィック削減のためにも送信頻度（TX RATE）は「1/5」以上がよいでしょう（特に基準はない）．

⑥ パケット・パス・タイプ

［612：PACKET PATH→TYPE＝"*New-N PARADIGM"，WIDE1-1＝"ON"，TOTAL HOPS＝"1"］

⑦ パケット送信方法

［611：BEACON TX ALGORITHM→METHOD＝"AUTO"，INITIAL INTERVAL＝"1min"，DECAY ALGORITHM＝"ON"，PROPORTIONAL PATHING＝"ON"］

APRSは多くの局が同じ周波数で運用しています．移動中は高頻度で自局ビーコンを発信したくなりますが，RFトラフィックが過剰にならぬよう最低1分以上は間隔をあけて発信するのが適切です．

また，本機には米国で提唱された移動局の新しいビーコン発信方法である「ディケイ・アルゴリズム」「プロポーショナル・パッシング」の機能が搭載されているほか，「スマート・ビーコン」が搭載されています．これらは移動局運用で不要なビーコン発信を抑制する効果が期待でき，効率よく移動局の位置情報を周囲に伝達する効果があるので活用しましょう．

以上で初期設定は終了です．まずは，APRSでビーコンを送信してGoogle Maps APRSで自局アイコンが見えるかどうか試してみましょう．

写真2-11 フロント・パネルの［POS］を押して，接続したGPS受信機からのデータをモニタしたようす

GPSレシーバから本機に送られている位置座標データはフロント・パネルの［POS］キーを押すことで確認できます（**写真2-11**）．

② 自局コールサインの設定

［600：BASIC SETTING→MY CALLSIGN＝"自局コールサイン-9"］

先に解説しました固定局では，SSIDを「なし」としましたが，移動局の場合は「-9（JF1AJE-9のように）」の使用が推奨されています．推奨SSIDリストはp.130の一覧表をご覧ください．

③ 自局アイコンの設定

［610：STATION ICON＝"Car"］

モービル局では「Car」アイコンが一般的です．自動車のアイコンには「Jeep」「RV」「Truck」「Van」など，車種を示すアイコンも定義されています（**図2-9**）．

④ ポジション・コメント

［607：POSITION COMMENT＝"In Service"］

| Car | RV | Jeep | Truck | Van |

図2-9 移動局用各種アイコン（シンボル）

運用中の操作

● ビーコン送信のON/OFF

ここまで設定すれば，ビーコンを送信して地図や他局のトランシーバのディスプレイに自局位置を表示させることができます．ビーコンのON/OFFはBCONキーで行います．

Aバンドで他局が送信中（スケルチが開いているとき）や，Bバンドで（音声通話などにより）送信中はビーコンの送信は保留になり，それらの状況が終了次第送信します．

● メッセージの受信

APRSの特徴的な機能にメッセージの交換があります．TM-D710シリーズではメッセージ受信（**写真2-12**），表示，作成（マイクのテンキーもしくは同調つまみによる文字入力），送信などが可能です．日本国内ではローマ字によるメッセージ交換が主流になっています．DXとのメッセージ交換は英語になりますが，英文法はあまり気にする必要はないので，まずは知っている単語，略語，Q符号などを並べて（CW感覚で）英語によるDXチャットにぜひ挑戦してみましょう．

なお，グローバルなAPRSでは日本語（カナ）は使用しないというのが慣例になっています．

写真2-12　自局あてのメッセージを受信したようす

● メッセージの入力方法

[KEY] → [MSG] を押すと「メッセージ・モード」に移行しメッセージ・リストが表示されます．新規にメッセージを作成して発信したい場合は[NEW]を押して，あて先局コールサイン [TO]，メッセージ [MSG]（最大67文字）を入力します．

受信メッセージへの返信を作成したい場合は，「REPLY」を押すと，相手局のコールサインは自動で入力されます．

メッセージ入力中に［F］キーを押すと，あらかじめ登録した定型文（フレーズ）を選択するキー[PASTE1〜4]が現れ，キーを押して貼り付け可能です．
【参考】APRSの多彩な機能の一部を紹介します．
[TO = "SAQRZ"，MSG = "コールサイン"] としてこのメッセージを発信すると，QRZ.COMサーバからコールサインの局のQTHやQRAなどが返信されます．
[TO = "E-Mail"，MSG = "E-Mailアドレス（スペース）本文"] として発信すると，E-Mailアドレスあてに本文がインターネット・メールとして送られます．これらはAPRSの多彩な機能の一部です．

● 送信

メッセージの入力が完了したら，[同調つまみ] を押すとメッセージが送信されます．メッセージはあて先局からのAck（受信確認信号）を受信するまで，1分ごとに最大5回の送信が行われます．

より便利に使う

すでにAPRSを運用している方でも聞いたことがないと思われる機能がTM-D710には搭載されていますが，これはTM-D710独自の機能というものではなく，APRS仕様に則ったものです．またAPRS運用を支援する独自の機能も搭載されています．

ここでは，これまで設定してきた各機能の詳細説明やAPRS仕様の概説を含めながら，さらにTM-D710を使い込むためのヒントを示します．

● 受信関連機能〜表示・鳴動〜

・自動照明

[625：INTERRUPT DISPLAY→AUTO BRIGHTNESS = "ON"]

自局あてメッセージを受信したとき，パネルのバックライトを1段階明るくして知らせてくれる機能です．

・カラー反転

[625：INTERRUPT DISPLAY→CHANGE COLOR = "ON"]

自局あてメッセージを受信したとき，パネルの色を変えて知らせてくれる機能です．

・スペシャルコール

[624：SOUND→SPECIAL CALL = 特定局のコー

```
J01YLU-3>APNU19-3,WIDE2-1:!3515.23NS139
57.60E#PHG5730 Kanouzan UIDIGI◀
cmd:JA1RBY>APU25N,7J2YAF-12,WIDE1*:>21
004zUI-View32 V2.03◀
```
写真2-13 受信した生パケットをモニタ

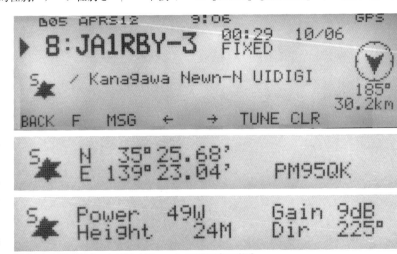

ルサイン"]

　あらかじめ設定した特定局から自局あてメッセージを受信したとき，スペシャルコール（特別なビープ音「ピポパポピー」）を鳴動させる機能です．

・**APRS VOICE**

[624：SOUND→APRS VOICE＝"ON"]

　自局あてメッセージを受信したとき，相手局のコールサインを音声合成出力する機能です．メッセージ内容が音声合成出力のフォーマットに合致している場合は，メッセージの読み上げも行います（オプションのVGS-1装着時）．

● **受信関連機能〜データ受信〜**

・**パケット・モニタ**

[KEY]→[P.MON]

　本機が受信したパケットの内容（生データ）を表示する機能です．受信したパケットがどのような経路（**写真2-13**，アンダーライン部分）で到来したかなど，パケットの内容を詳細に解析するときに役立ちます．

・**パケット・フィルタ**

[609：PACKET FILTER→POSITION LIMIT＝"距離を選択"，TYPE＝"受信する局種別，データ種別を指定"]

　APRS局密度が高い地域（関東など）では，つねに多くのパケットを受信するためにパネル表示が常時受信データ表示になってしまい，各種操作がしづらい状態になってしまう場合があります．そのようなときに受信するパケットを制限することにより，パネル表示が見やすく，また各種の操作がやりやすくなります．制限方法には，「自局からの距離（10〜2500で10ごと，単位は[62：DISPLAY

UNIT] で設定したもの）」，「発信局種別」などが指定できます．

・**ステーション・リスト（受信局）表示**

　受信したビーコンは最新の100局ぶんが本機に記録されています（**写真2-14**）．ここで記録される内容は受信したビーコンの種類にもよりますが，受信時刻，コールサイン，ステータス・テキスト，位置座標，アイコン，自局からの距離・方位，移動速度・進路，気象局の場合は各種気象データ，中継局の場合は送信出力やアンテナ・ゲインなどです．またトランシーバの機種名も，このリストに表示されます．それらは複数のページで表示され，「← →キー」で切り替えられます．**写真2-15**はデジピータが出すビーコンの情報を表示したところで，ビーコン受信日時，ビーコン・コメント，発信局の方位・距離，緯経度，グリッド・ロケーター，PHG（送信出力，アンテナの利得，アンテナの高さ，アンテナの指向性を表示させたもの）が確認できます．

　下段キーの[SORT][FILTER]キー操作で，リ

写真2-15 デジピータが出すビーコンの情報表示（例）

ストを見やすくするためのソート機能，フィルタ機能
も使用できます．

● 送信関連機能

・ビーコン情報設定

[606：BEACON INFORMATION→SPEED＝"ON"，
ALTITUDE＝"ON"，POSITION AMBIGUITY＝
"OFF"]

　GPSレシーバから得た「速度情報（SPEED），高度
情報（ALTITUDE）」をビーコンに盛り込んで送信す
るかしないかの設定です．通常は速度，高度ともに盛
り込みます．また，自局の正確な位置情報を送信した
くない場合，座標の表示桁を減らして「自己位置情報
精度を落とす」ことも可能です．

・ユーザー・フレーズ

[621：USER PHRASES→1〜4の定型メッセージ入力]

　メッセージ送信に使用する「定型メッセージ」を作
成，保存する機能です．最大32文字の定型メッセージ
を4種類保存できます．メッセージ作成中に［F］キ
ーを押し，［PASTE1］を押すとそのメッセージが貼
り付けられます．

● 送受信共通機能

・送受信メッセージ・リスト

[KEY] → [MSG]

　写真2-16は送受信したメッセージの履歴参照画面で
す．「→」は自局が送信したメッセージで，「←」は受
信したメッセージです．同調つまみで選択し，同調つ
まみを押すと詳細内容を表示します．おなじみ局への
挨拶などの定番メッセージは，過去におなじみ局あて
てに発信したメッセージをこのリストから選択し，
［RE-TX］キーを押せば同じあて先，内容で再送信さ
れるので，コールサイン入力やメッセージ入力の手間
が大幅に軽減されます．

　メッセージ内容の一部を変更したい場合は［EDIT］

写真2-16　送受信したメッセージの履歴表示

キーで編集もできます．受信メッセージに返信したい
場合は［REPLY］キーで返信メッセージを作成，返
信することができます．

・自動メッセージ応答

[622：AUTO MESSAGE REPLY→REPLY＝"ON"，
TEXT＝"返信メッセージ入力"，REPLY TO＝"特定
局コールサイン"]

　移動時にメッセージを受信しても，すぐには返信で
きない場合に便利です．本機からメッセージ発信局に
対して自動的にショート・コメントを返信する機能です．

　せっかくメッセージをもらったのに無応答では失礼
なので，多くの局がこの機能を利用しているようです．
メッセージ内容としては，「TNX CALL，REPLY
LATER」や，「TNX MSG」だけでもよいでしょう．
世界中のAPRS局からのメッセージに自動応答するの
で，メッセージ内容はその点を配慮する必要がありま
す．特定局への自動返信も可能です．メッセージ内容
（最大50文字）は既運用局の返信メッセージなどを参
考に作成しましょう．

・リジェクト・コマンド

　TM-D710のメッセージ記憶領域は100件あり，満杯
になった場合は一番古いものが自動消去され，新しい
メッセージが記録されますが，一番古いメッセージが
「未読状態」などの理由により自動消去できない場合，
新しいメッセージを受信しても記録することができま
せん．

　このような状態でさらに新しいメッセージを受信し
たとき，発信者に対して「メッセージは受信記録でき
ませんでした」という意味の「リジェクト・コマンド」
をAckの代わりに返信します．この信号を受信した発
信側のAPRSアプリケーションは，このリジェクト・
コマンドを受信するとメッセージの再送を中止し，
p.40の**写真2-17**，**写真2-18**のように「Rej」が表示され
ます．また，UI-View32などでは「おそらく，相手局
ではこのメッセージは読まれないでしょう」という表
示が出されます（**図2-10**）．

　つまり，受信側が受信記録不可能な状態にあるとい
うことを発信側に伝えるための信号で，受信拒否では
ありません．

APRSクライアント・ソフトウェア "UI-View32" のStatus Text, Beacon comment, ObjectのComment（図2-A）のテキストの最初の10文字に438.840MHzなどのように周波数情報を書き込み，これをTM-D710が受信した場合，QSY機能が動作します．

この機能はAPRSの「AFRS（Automatic Frequency ReportIng System）」という機能で，情報発信局が自局ビーコンの中で何らかの周波数（音声通信，レピータ，EchoLinkやWiRES，IRLPなどのVoIP無線など）を示し，そのビーコンを受信した局がその周波数にワンタッチでQSY（周波数を変えること）ができるようにするための機能です．

例えば，JARL支部大会やミーティングなどのローカル・イベントを知らせるオブジェクト・ビーコンに，イベント会場付近の音声連絡周波数を埋め込めば，イベントに近づいているAPRS局は，ステーション・リスト画面でこのビーコン情報を選択し，「TUNE」キーを押すことでワンタッチでその周波数に合わせることができます．

この情報は基本的にローカル情報（遠隔地に伝達する必要がない情報）なので，PATHにデジピータを指定せず，APRS Serverにも送る必要のない情報です（デジピート・パスの記述に「RFONLY」もしくは「NOGATE」を記述するとAPRS Serverへ送らなくなる）．

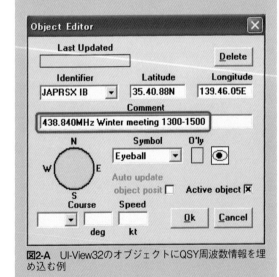

図2-A　UI-View32のオブジェクトにQSY周波数情報を埋め込む例

写真2-17　相手局をRej（リジェクト）したときの表示

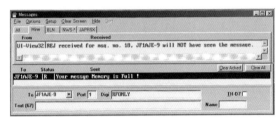

写真2-18　相手局にRej（リジェクト）されたときの表示

図2-10　RejされたときのUI-VIEW32の表示

・QSY機能

[608：STATUS TEXT→"5"を選択して[USE]キー→TEXT＝"任意のステータス・テキスト入力"]

TM-D710では，5番目のステータス・テキストを選択すると，入力したステータス・テキストの前部に現在の非データ・バンドの周波数が自動的に埋め込まれます．例えばA-BANDでAPRSを運用している場合，B-BANDに設定している周波数情報が埋め込まれます．このパケットを受信した他局のTM-D710は，ステーション・リスト画面[LISTキーを押す]でこの局を選択し，[TUNE]キーを押す（写真2-19）ことで非データ・バンドにこの周波数が設定されます．詳しくはコラム2-1「AFRS機能＝QSY機能」をご覧ください．

写真2-19　QSY情報を含むビーコン

・ボイス・アラート

［614：VOICE ALART ＝ "ON"，CTCSS FRE QUENCY ＝ "123.0Hz"］

　別名「Mobile Ham Rader」と呼ばれています．しくみは単純ですが，ひじょうにおもしろい機能です．今後日本でも活用できるため，少し詳しく説明します．

　この機能は，ＡＰＲＳ移動局が直接音声通信できる近傍（レピータなど経由しない）に，ほかのＡＰＲＳ移動局がいるかどうかを「自動」センシングする機能です．

　「VOICE ALART」をON（**写真2-20**）にすると使用中のＡＰＲＳチャネルにトーン・スケルチがかかり，トーンの乗った信号以外は何も聞こえなくなります（ボリュームはOFFにしない）．発信するビーコンにもトーンが乗ります．

　移動局は，定期的にＡＰＲＳビーコンを発信しながら走行しているので，自局の近傍にVOICE ALART機能をONにしているＡＰＲＳ移動局があれば，その局はこちらの発信ビーコンを音としてスピーカから聞く（VOICE ALART）ことができます．このようにして，お互いに直接通信できる距離内に，ほかのＡＰＲＳ移動局がいるかどうかがわかるわけです．

　VOICE ALARTがONの移動局は，音声交信が可能であることを意思表示していることになり，同チャネルで相手局を音声呼び出しすれば応答があり，交信を始める（別周波数にQSYする）ことができます．

　この機能は移動局同士の交信開始の機会を与えるもので，通常は固定局では利用しません．固定局でこの機能をONにすると，そのVOICE ALART信号を受信した移動局が，発信局が自局の近傍の移動局か，遠方の固定局かの区別がつかないからです．

　日本では144.64MHz/144.66MHzでＡＰＲＳが運用されていますが，この周波数はバンドプラン上，データ通信に限られるので，米国のVOICE ALART運用ルー

写真2-20　近くにいるＡＰＲＳ移動局を探知する機能

ルをそのまま使用することはできません．しかし，「VOICE ALART信号をキャッチしたら，呼出周波数でコールする」と定めておけば，日本でもほぼ同様の使い方ができます．平地を移動している移動局同士が直接交信できる範囲はある程度限られるため，この機能を活用すればＡＰＲＳ移動局同士のアイボールの機会が増えるかもしれません．

・エマージェンシー・パケット

［607：POSITION COMMENT ＝ "EMERGENCY"］

　緊急事態発生時に発信する信号で「SOS」です．米国ではこの信号はとても重要視されており，実際にこの信号を発信したことにより救援が得られ，大事に至らなかったという事例もあります．

　1回でもこのビーコンを発信すると，この信号を受信した世界中のＡＰＲＳクライアントは何らかの音響や各種表示によるアラーム（**写真2-21**）をオペレーターに伝えます．この機能はもちろん，他局に迷惑を及ぼす恐れのある機能なのでお試しも厳禁です．詳しくは第5章 資料編をご覧ください．

```
B03 APRS12   nP JF1AJE-9
EMERGENCY!    🚗  JF1AJE-9
N 35°41.99'       dir:120°
E 139°28.86'  07:01  dist: 8.3km
ESC      MSG          DETAIL
```

写真2-21　他局のEMARGENCYを受信したようす

・PM（プログラマブル・メモリ）

記憶：［F］→［PM］→［キー番号］

呼出：［PM］→［キー番号］

　ＡＰＲＳとは直接関係のない機能ですが，とても便利なので解説します．これはTM-D710の各設定を丸ごと一つのキーに記憶させるというもので，PM-1～PM-5までの五つのキーが使用できます．

　例えば，通常の音声通信主体の設定を「PM-1」，1200bpsによるＡＰＲＳ運用を「PM-2」，9600bpsによるＡＰＲＳ運用を「PM-3」のように運用内容に関わる設定をメモリしたり，昼間・夜間のLCDの輝度やリバース設定，音量設定など，繰り返し使用するさまざまな異なる設定をPMキーでワンタッチで呼び出せるようにしておくととても便利です．

2-5 トランシーバ別APRS機能設定ガイド
JVC KENWOOD TH-D72

かつて欧米のみで販売されていた先代のTM-D700A/E，TH-D7A/Eは，「これがAPRSのスタンダード」といわれるほどポピュラーかつ多くのAPRS機能を搭載した画期的なトランシーバで，欧米では10,000局以上がAPRSに現用していました．そして，その後継機であるTM-D710やTH-D72（**写真2-22**）は広く普及しているこれら先代のトランシーバとの上位互換を考慮しながら，つねに進歩し続けているAPRS仕様の肝をふんだんに追加搭載して登場しました．

これらのトランシーバは，現在でもとてもアクティブにAPRSの開発，改善，普及に尽力されている，「APRSの父」と呼ばれるWB4APR，Bob Bruninga氏の監修によるものであり，高機能で使いやすいAPRS対応トランシーバに仕上がっています．

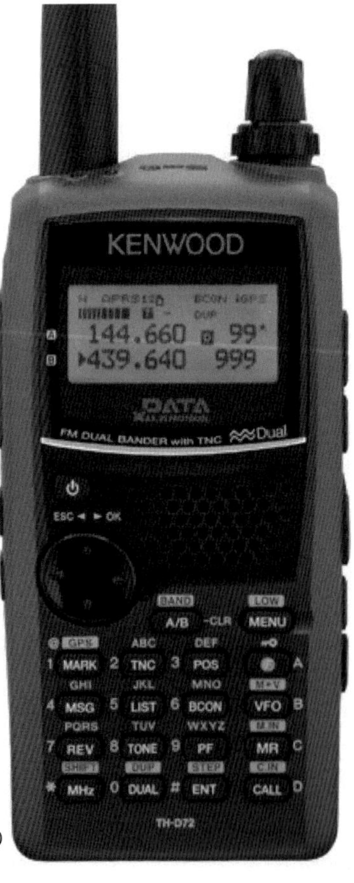

TH-D72はTM-D710をそのままコンパクトにして高感度なGPSレシーバまで搭載した多機能APRS対応ハンディ・トランシーバで，通常行われているAPRS運用はこの1台でほぼすべて行うことができます．

TH-D72の活用シーン

APRSのRFネットワーク・インフラは，20～50Wほどの出力にモービル・ホイップを使用した移動局（モービル）をメイン・ターゲットに設計，構築されています．したがって，TH-D72の5W＋付属アンテナでは，どこでもAPRS RFネットワークで通信ができるというものでもなく，ハンディ・トランシーバ（以下，ハンディ機）の特性を生かした使用法が適切といえます．もちろんハンディ機によるAPRS運用は，ハンディ機にしかできない楽しみかたがたくさんあります．モービル・トランシーバより活躍の場面は多いかもしれません．

ハンディ機は徒歩や自転車，ハイキングなどで活躍します．交通機関を利用した旅行でも，いつでも手軽にAPRS運用ができます．平地ではデジピータやI-GATEの近くでの運用が想定されますが，最近，全国に増えつつある山の上のデジピータがあれば，数十km離れていても快適に通信できる場合があります．また，小高い丘や山，ビルの3～4階以上からは遠くのI-GATEまでパケットが届くので，広範囲に移動運用が楽しめます．通勤時に高架を走る電車からパケットをサーバに送り，メッセージ交換をしている方もいます．

少し変わった使い方として，スキーやトレッキング，サイクリングなどで，仲間同士で（APRS常用周波数以外の周波数を使用して）30秒ほどの短周期でビーコンを出しあえば，仲間のいる方位や距離，移動速度が把握できるので，離れていてもつねに一体感を持つことができます．

写真2-22
JVC KENWOOD
TH-D72

多くのAPRS局が集まるイベント会場などでは，TH-D72を少し高い窓際などに置いて，簡易デジピータを開設すれば，会場や周辺にいるハンディ・ウォーキングAPRS局の移動状況をサーバに送ることができます．このようにTH-D72による運用では，固定運用やモービル（自動車）運用では困難な機動的な運用が可能です．

もちろん高利得の外部アンテナを接続すれば，5Wとはいえ遠方までビーコンを届かせることが可能なので，固定局運用も十分楽しめます．自動車でモービル・ホイップにつなげば，都市部では十分実用になるモービル運用が可能です．

APRSとは関係ありませんが，本機のGPSロガー機能を活用すれば，自分が移動してきた座標履歴を詳細に記録することができ，帰宅してからGoogle Mapsなどのアプリケーションで地図上に移動軌跡を描くことができます．旅の記録としては最高です．

APRSビーコンを受信してみる

それでは，APRSビーコンを受信してみましょう．

まずはAPRSビーコンが聞こえるかどうかの確認です．現在，日本ではAPRS通信用周波数として，9600bps用の144.64MHzと1200bps用の144.66MHzが使用されています（**写真2-23**）．30分ほど受信してみて，このような周波数で"ビーギャー"（1200bps）または"ザー"（9600bps）という変調音が頻繁に聞こえるようなら，その地域ではAPRSがアクティブに運用されているということになります．

本体のホイップ・アンテナは利得が低いために，屋内などではかなり強い電波しか受信できません．短めのノンラジアル・モービル・ホイップでもよいので，ぜひ屋外設置の外部アンテナをつなぐことをお勧めします．また，丘の上やビルの屋上など，見晴らしのよい場所でも受信してみてください．

現在では，日本の多くの地域でAPRS RFネットワークが構築されていますが，それで全国津々浦々までカバーしているものではなく，貴局のロケーションではAPRS信号が飛び交っていない可能性もあります．そのような場合は，貴局がその地域のコアと

なってAPRSインフラ［デジピータ（p.23）やI-GATE（p.21）］を構築するとよいと思います．

APRSビーコン受信のための設定

TH-D72でAPRS運用を行うための最低限の設定，推奨設定内容を説明します．まだ購入時から何も設定変更をしていない場合，もしくは「Full Reset」をした後は，（×）印がある項目の設定を省略できます．

Full Resetは，🔘を押しながら🔘を押して電源ON．［▲/▼］で"Full Reset"を選択して［▶OK］を2回押せばFull Resetとなり，購入時の状態に戻ります．

① 内蔵GPSレシーバの設定

まず移動体APRSの要となるGPS機能の設定です．🔘→🔘の順にボタンを押すと，ディスプレイ右上に **iGPS** が表示されます．

表示されない場合はもう一度同じ操作をしてください．これで内蔵のGPSレシーバの電源がONになり，GPS衛星からの信号を受信し始めます．

空の見えない場所ではGPS衛星の電波が弱いためになかなか測位（GPS衛星の電波を受信して自己位置を

写真2-23　APRS運用周波数を上段に設定

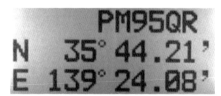
写真2-24　緯度経度画面

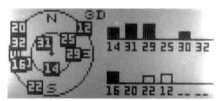
写真2-25　GPS衛星情報画面

割り出すこと）できないので，空がよく見える場所に本機を持っていき，しばらくそのままにしてください．測位できるようになると，iGPSが点滅します．測位中に3 DEF POSを押すと，測位した自己位置の座標が表示され（**写真2-24**），このとき[▶OK]を押すと表示内容を切り替えることができます（**写真2-25**）．自宅の位置座標はメモを取っておくと，クライアント・ソフトウェアを使用するときに便利です．

② コールサインの設定（写真2-26）

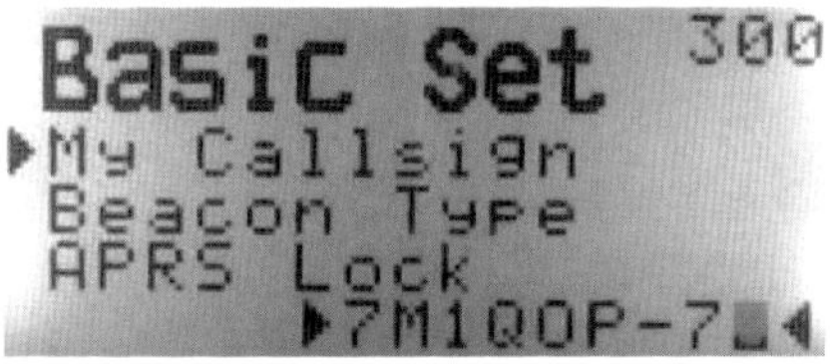

写真2-26　コールサインの設定

ここからは先の設定は，窓際やベランダなどで行うと，設定が終わったころには測位ができているかもしれません．LOW MENUを押してメニュー・モードへ移行します．テンキーで“3”，“0”，“0”と押すか，[▶OK]を押した後，◎の[▲/▼]や[▶OK]で，右上に表示されているメニュー番号を300番に設定し，コールサインを入力します．APRSではコールサインの最後に“-7”のようにハイフンと数字で構成するSSIDというものを付加します（第5章 資料編 p.130参照）．ここではとりあえず“-7”を付けてください．“7M1QOP-7”のように設定します．英数字の入力は携帯電話と同様な方法が使えます（マルチスクロール・キーやエンコーダつまみで入力することもできる．取扱説明書のpp.35～36 参照）．“-”ハイフンは# STEP ENTで入力．文字削除はBAND A/B CLR，カーソル移動は◎です．コールサインの入力が完了したら最後に◎の[▶OK]で確定してください．

以降の設定では，項目の選択は◎の[▲/▼]で行い，選択したものを確定するのは[▶OK]を押すという一連の操作で共通です．最初の画面の周波数表示画面に戻るにはLOW MENUを押してください．

③ ビーコン・タイプの設定（×）

メニュー番号301番を選択し，◎の[▲/▼]で“APRS”を選択，[▶OK]で確定します．デフォルトは“APRS”なので，“APRS”が点滅表示されている場合は確定してからLOW MENUを押して周波数表示画面に戻ってください．

④ データ・バンドの設定（×）（写真2-27）

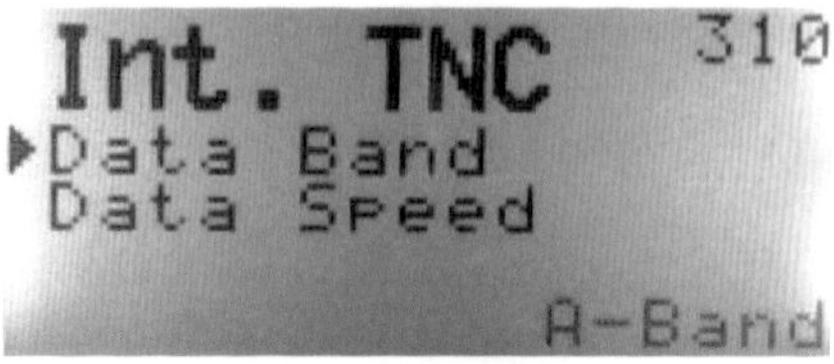

写真2-27　データ・バンドの設定

メニュー番号310番を選択し，[▲/▼]で“A-Band”を選択，[▶OK]で確定します．LOW MENUを押して周波数表示画面に戻ってください．

⑤ データ・スピードの設定（写真2-28）

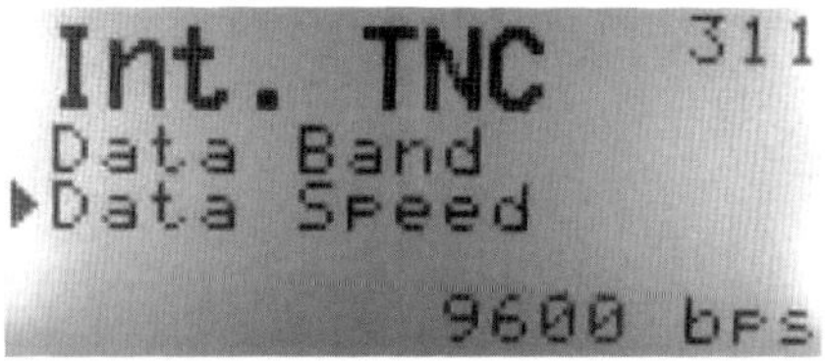

写真2-28　データ・スピードの設定

メニュー番号311番を選択し，[▲/▼]で“9600bps”または“1200bps”を選択，[▶OK]で確定します．LOW MENUを押して周波数表示画面に戻ってください．自局周辺で運用されているスピードに合わせます．パケットの受信音が“ピーギャー”は1200bps，“ザー”は9600bpsです．

⑥ 周波数の設定（写真2-29）

周波数表示は上側が「A-Band」，下側が「B-Band」です．「A-Band」の周波数を144.64MHz（データ・スピードが9600bpsの場合）または144.66MHz（データ・スピードが1200bpsの場合）に設定してください．# STEP ENTを押してから“1”，“4”，“4”，“6”，“4”，“0”と入力します．[▲/▼]や[ENC]つまみでも設定可能です．

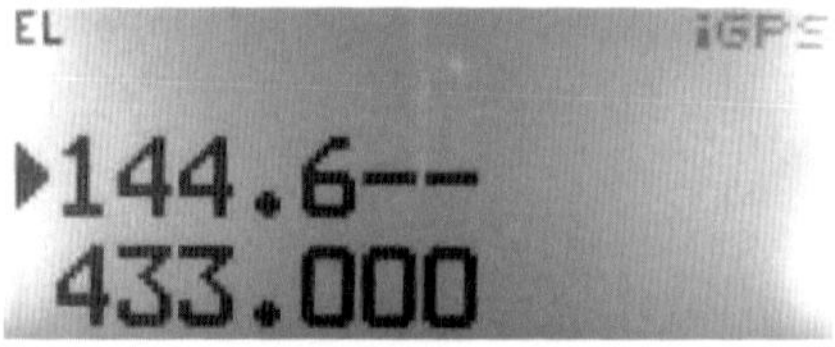

写真2-29　周波数の設定

⑦ バッテリ・セーブ機能の設定（**写真2-30**）

バッテリ・セーブ（間欠受信）機能がONだとAPRS信号が受信できなかったり，受信しづらくなるため，OFFにします．

メニュー番号110番を選択し，[▲/▼]で"Off"を選択し，[▶OK]で確定します．ⓂENUを押して周波数表示画面に戻ってください．

写真2-30　バッテリ・セーブ機能の設定

⑧ **オート・パワーオフ（APO）について**

TH-D72は無信号の受信状態で無操作が約30分間継続すると，自動的に電源が切れるAPO機能があります．購入時の状態ではONになっています．メニュー番号は111番です．APRSを連続運用する場合は，"Off"がよいでしょう．

⑨ **APRSモードのON/OFF**

この周波数表示画面のときに，2ⒶBⒸTNCを押すと，「Opening TNC」が表示され，画面の左上に**APRS 96**が表示（データ・スピードが9600bpsの場合）され，APRS信号の受信を開始します．これでAPRSの受信準備は完了です（**写真2-31**）．

ここですぐに何かが表示された方は，幸運な方です．パケットを受信するまでしばらく待ってみましょう．固定局のパケットはおおむね30分間隔で発信されているので，30分間何も受信できない場合は，外部アンテナを接続したり，電波のよく受信できる高いところで受信してみましょう．また，144.66MHz（データ・スピード1200bps）も確認してみてください．なお，

写真2-31　APRSモードのON/OFF

APRSの受信にTH-D72のスピーカ音量は無関係（音量最小でも受信可能）です．

受信情報の見方の基本

APRS信号を受信すると，受信内容を10秒間表示します．受信した情報は最大100局ぶんがメモリされ，「ステーション・リスト画面」から各局が発信したさまざまな情報を確認することができます．5ⒿKⓁLISTを押して「ステーション・リスト画面」に移行します．[▲/▼]で受信局を選択し，[▶OK]を押すたびに選択した局が発信したデータの詳細をページを送りながら見ることができます．

受信内容を10秒間表示している間に[▶OK]を押しても「ステーション・リスト画面」に移行します．表示される情報は，発信局の種別（移動局，デジピータ，気象局など）により異なります．**写真2-32**～**写真2-44**に発信局別のおもなデータの表示例を示します．

■ **移動局の場合**

写真2-32　コールサイン，使用機器，運用状態

写真2-33　グリッド・ロケーター，局までの距離，方位

写真2-34　パケットの受信経路

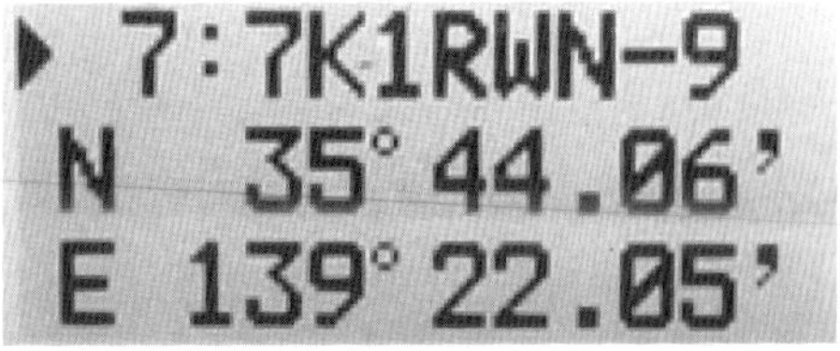

```
▶ 7:7K1RWN-9
N  35°44.06'
E 139°22.05'
```
写真2-35　移動局の位置座標

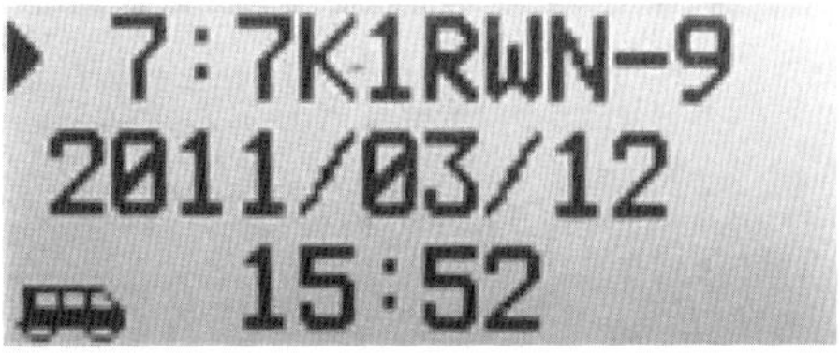

```
▶ 7:7K1RWN-9
2011/03/12
🚐    15:52
```
写真2-36　パケットの受信日時

■ デジピータの場合

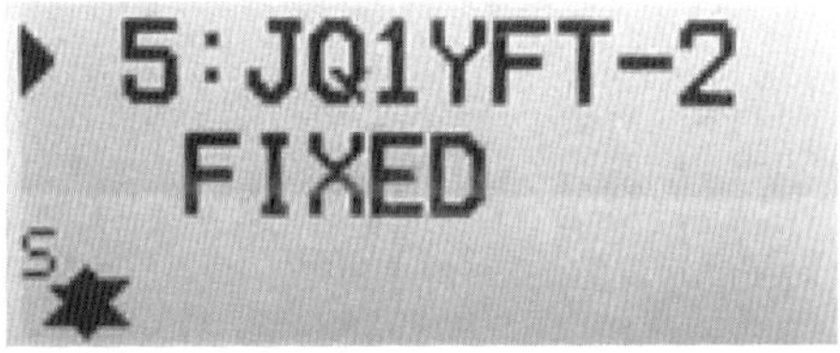

```
▶ 5:JQ1YFT-2
FIXED
S★
```
写真2-37　コールサイン，局の種別（デジピータ）

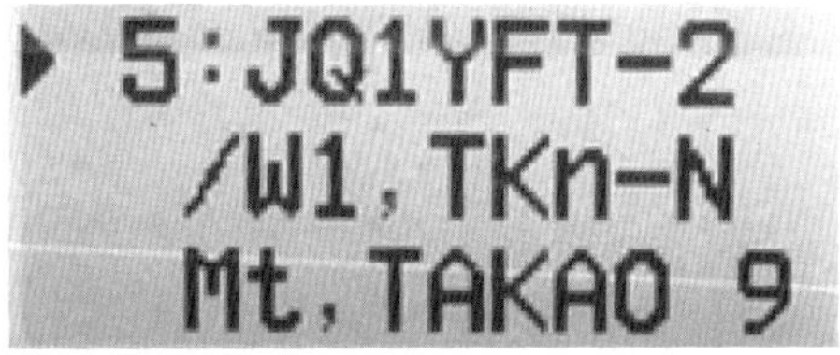

```
▶ 5:JQ1YFT-2
/W1,TKn-N
Mt,TAKAO 9
```
写真2-38　デジピータの機能や地名

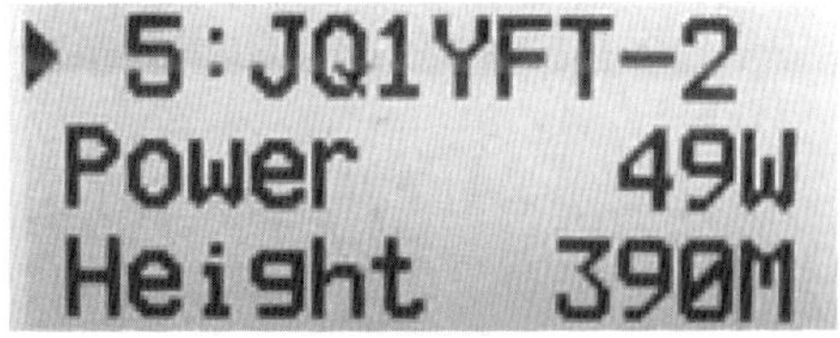

```
▶ 5:JQ1YFT-2
Power      49W
Height    390M
```
写真2-39　デジピータのRF出力，アンテナ高さ

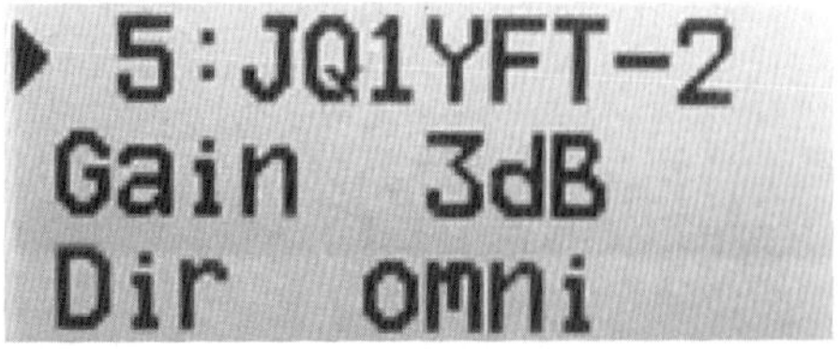

```
▶ 5:JQ1YFT-2
Gain   3dB
Dir    omni
```
写真2-40　デジピータのアンテナの特性

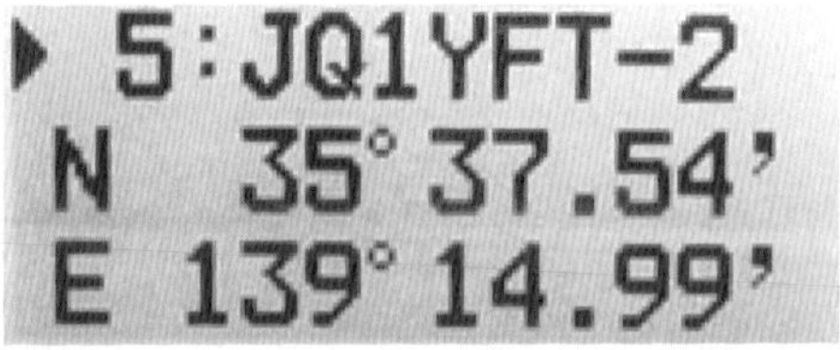

```
▶ 5:JQ1YFT-2
N  35°37.54'
E 139°14.99'
```
写真2-41　デジピータの位置座標（緯度経度）

■ 気象局の場合

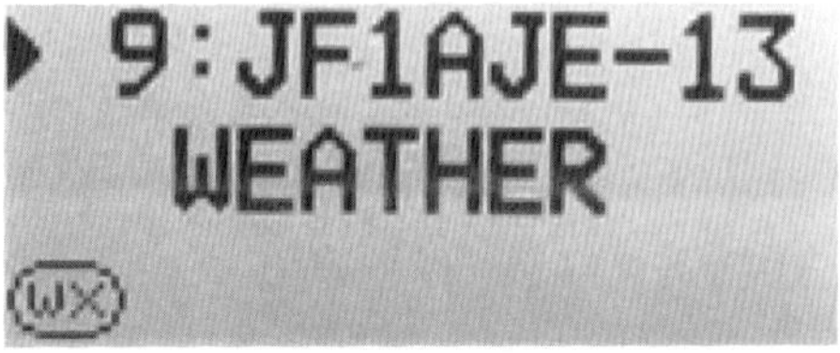

```
▶ 9:JF1AJE-13
WEATHER
ⓌⓍ
```
写真2-42　コールサイン，局の種別（気象局）

写真2-43　気象データ（雨量，気温，風向）

写真2-44　気象データ（風速，気圧，湿度）

APRSネットワークに情報を送る

　他局の位置や情報は受信できたでしょうか．いつでも，どこでもたくさん受信できるというものでもないため，気長にトライしてみましょう．

　さて，次に自局の情報をAPRS サーバに送ってみましょう．うまくAPRS サーバまで届けば，Google Maps APRSなどの運用状況モニタにあなたのシンボルやコールサインが表示されます．

　ここでは歩きながら（たたずんでいてもOK）運用する場合の設定を例に解説します．自動車や自宅で外部アンテナをつないで運用する場合は，第5章 資料編 p.130の表に従って設定を変更してください．

① 自局位置の設定

APRSではほとんどのビーコンに，発信場所もしくはその情報にヒモ付けされた位置座標が含まれています．したがって，位置座標が測位できていない場合は手動で入力しておかないと，パケットの送信ができません．ここでは自局の位置座標を手動で入力する方法を解説します．

すでにGPSにより測位できている状態ならばこの設定は不要です．いったん測位できるとGPS衛星の電波が受信できなくなっても，電源を切るかGPS機能をOFFにしない限り，最後に測位した座標を記憶しています．

一度も測位できていない場合には，自局の位置を手動で設定する必要があります．

メニュー番号360番を選択し，任意の位置を5種類設定できるポジション・チャネルの「1」を選択して確定してください．数字の左側に表示されている「＊」は，今まさに「1」が選択されていることを示しています（**写真2-45**）．

この座標に名前を付けたいときはNameを選択して入力してください．入力方法はコールサインを入力したときと同じです．

次に緯度経度を入力します．緯度経度はインターネットのGoogle Maps APRSなどで知ることができますが，せっかくGPSレシーバが搭載されているTH-D72ですから，窓際や外に持っていき，測位した座標を設定しましょう．

iGPS が点滅しているときは測位中ですが，このとき 3(DEF POS)を押して測位座標を表示し，次に(LOW MENU)を押すと測位結果を自己位置に登録することができます（**写真2-46**）．

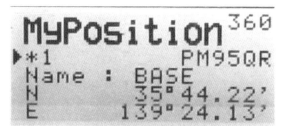

写真2-45　ポジション・チャネルの登録と選択

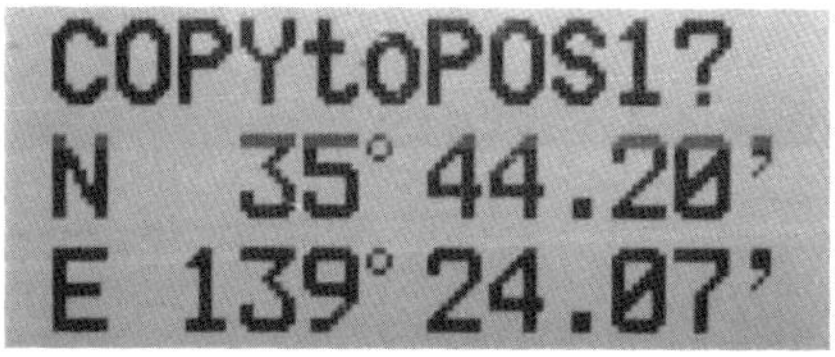

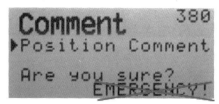

写真2-46　GPSによる測位結果を自己位置に登録

② ポジション・コメントの設定

メニュー番号380番を選択し，"In Service"（メッセージ交換可能）を選択します．メッセージ交換をしたくないときは，"Off Duty"を選択します．APRSはコミュニケーション・ツールなので，できるだけ"In Service"での運用をお勧めします．

【重要】ポジション・コメントの選択肢の中に"EMERGENCY！"がありますが，自分が緊急事態でないかぎり絶対にこれを選択しないでください（**写真2-47**）．

写真2-47　EMERGENCYは選択しない

③ 自局アイコン（シンボル）の設定（写真2-48）

メニュー番号3C0番を選択し，🏃"Person"を設定します．自転車の場合は🚲"Bicycle"．自動車なら🚗"Car"に設定します．

写真2-48　自局アイコンの設定

④ パケットの送信方法の設定

パケットをどのような方法で送信するかを設定します．ここでは後で設定する時間間隔ごとに自動でパケットが送信されるようメニュー番号3D0番を選択し，"AUTO"に設定します．

⑤ **自動送信間隔時間の設定（X）**

メニュー番号3D1番を選択し，"1min"（初期設定）を設定します．歩行移動や自動車移動では1〜3分，固定局としての運用の場合は30分以上を設定します．

⑥ **パケット中継経路の設定（X）**

APRSの無線パケットは，デジピータを利用することにより，より遠方に自局パケットを飛ばすことができます．必要に応じて，利用するデジピータの種類などを設定します（**表2-2**）．

メニュー番号3H0番を選択します．3H0はこれまでのようにテンキーでは入力できないので，次の方法で選択します．周波数表示画面から，(MENU)を押して"APRS"を選択し[▶OK]で確定します．[▲/▼]で"PacketPath"を選択します．固定局運用以外では，初期設定の"WIDE1-1：On"のままでOKです．固定局として運用する場合は，"WIDE1-1：Off"，"Total Hops：0"と設定してください（**写真2-49**）．以上で初期設定は終わりです．

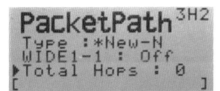

写真2-49 固定局はデジパスなしにする

表2-2 運用形態によって変更する項目

項目	歩行移動	自動車移動 （外部アンテナ）	固定運用 （外部アンテナ）
SSID	-7	-9	なし
自局アイコンの設定 [3C0]	Person	Car	Home
自動送信間隔時の 設定 [3D1]	1〜3分	1〜3分	30分以上
パケット中継経路の 設定 [3H0]	WIDE1-1	WIDE1-1	なし

運用中の操作

APRSのビーコンを送信するには，周波数表示画面で，(6 BCON)を押すと，右上に **BCON** 表示が現れ，設定した自動送信間隔時間ごとにビーコンが送信されます（**写真2-50**）．送信を停止するには，もう一度(6 BCON)を押すと **BCON** が消えて停止します．

いろいろな場所でビーコンを発信してみてください．貴局のビーコンがI-GATEでキャッチされ，APRSサーバに届けば，運用状況モニタのGoogle Maps APRSで表示されますし，貴局の存在に気が付いた局からメッセージが送られてくるかもしれません．

写真2-50 BCON表示（＝自動送信有効）

メッセージのやりとり

メッセージは送られてくると自動で受信され，割り込み画面で表示されます（**写真2-51**）．最大3ページあるので，[▶OK]でページを送ってみてください．

D←JF1AJE-2
Good evening
.TNX FB MS

写真2-51 メッセージは自動で受信される

周波数表示画面で(4 MSG)を押すと，これまで受信したメッセージの一覧が表示され，[▶OK]で内容を確認できます．

相手のメッセージに返信するときは，相手のメッセージを表示しているときに(4 MSG)を押します．相手局のコールサインは自動で入力されているので，メッセージを入力（最大67文字）して，[▶OK]を2回押すと送信されます．メッセージの入力欄には相手から送られてきたメッセージが表示されているので，(A/B CLR)で削除してからメッセージを入力します．

写真2-52 メッセージの返信画面

相手局を指定してメッセージを送る場合は、メッセージ・リスト画面で(LOW/MENU)を押し、Newを選択してください。現れたページの"To:"に相手局のコールサインを入力し、次にメッセージを入力します。

写真2-53　メッセージ入力画面

なお、メッセージは相手局から送信される受信完了信号（Ack）を受信するまで自動的に最大5回まで送信（リトライ）します。

写真2-54　受信完了信号(Ack)を受信したようす

メッセージのやりとりはAPRSの目的であるコミュニケーション構築にはとても有効なので、どんどんメッセージを出しましょう。送受信したメッセージは、アマチュア無線なので秘匿性は一切ありません。Google Maps APRSでも、APRSアプリケーションでも見ることができます。ただし、利便性の関係からAPRS対応トランシーバの内蔵APRSファームウェアで見られるのは自局に関するメッセージに絞られています。

グローバルなAPRSではメッセージは英数字しか使用できませんが、英語でなくてもOKです。日本の多くのAPRS局はローマ字を使用していますし、CWの略号や日本のAPRS特有の略号なども多用されています。例えば、「GM, TNX MSG.」は、「おはよう、メッセージ有難う。」です。ときどきメッセージの頭に「%」が付いていますが、これは特定の機種でメッセージを音声合成で読み上げさせるためのコマンドなので、通常は不要です。

「To:に"E-Mail"と入力し、MSG入力欄に"E-Mailアドレス（スペース）本文"として発信すると、E-Mailアドレスあてに本文がインターネット・メールとして送られます。これらはAPRSの多彩な機能の一部です。

コラム2-2　TH-D72での運用のノウハウ

● 5Wでも実用

どのジャンルでも同じですが、APRSもアンテナがとても重要です。移動局、固定局ともに外部（屋外）に設置したアンテナを使用することをお勧めします。

まずは近傍のデジピータかI-GATEまで届けばよいので、外部アンテナを使用している場合であれば5Wで十分な場合もあります。デジピータは必要に応じて指定してください。通常固定局から発信する場合は、デジピータを経由させる必要はありません。

● 移動時のAPRS通信の特性とモービル・アンテナの選択

まず移動時の音声通信とAPRS（パケット）通信の違いに触れてみます。移動しながらの運用では電波はマルチパス・フェージングや建造物による遮蔽、そのほかもろもろの要因で小刻みに強くなったり弱くなったりします。一瞬電波が弱くなった、もしくは入感しなくなったとき、音声通信では前後の会話のつながりから話の内容は理解することができます。ところがパケット通信では、一瞬でも電波が途切れたり極端に弱くなったりすると、パケット・データの欠損が発生し、デコード（元の情報に戻すこと）が困難になってしまいます。つまり、音声で交信ができる距離でもAPRS通信はできないことが多いのです。米国では出力とアンテナが同じ場合、距離にしておおむね2倍の差（音声QSOのほうがパケット通信より2倍の距離で通信可能）があるといわれています。

APRSはフェージングに弱いということがわかりましたが、このことはAPRS運用に使うモービル・アンテナの選択のヒントにもなります。長いホイップ・アンテナは利得があるので条件がよいときには遠くと交信ができますが、「高利得＝垂直面指向性が狭い」ということになり、アンテナが揺れると水平面の電波輻射特性が大きく変化し、送受信電界強度が大きく変化（強弱）することにより、パケット・データの欠損が発生する確立が高くなります。経験的には短め（1/4λ以下）のアンテナでも長い（1/2λ以上）アンテナと同等かそれ以上のパケット伝送成功率があります（なお、短いアンテナは基台のボディ・アースが取れている必要がある）。

2-6 トランシーバ別APRS機能設定ガイド
八重洲無線　FTM-350A/AH

写真2-55　八重洲無線 FTM-350A/AH

FTM-350A/AHを使ってAPRSを楽しむ

　FTM-350A/AHは，2波同時受信が可能な144/430MHzのデュアルバンド・モービル機で，音声で交

写真2-56　FGPS-1の取り付け作業．フロントパネルの背面にスッキリ装着できる

信しながら「APRSビーコン」を送信するという理想的な運用が可能です（**写真2-55**）．パソコンを本機につないでI-GATEを運用したりデジピータ機能を本機のみで運用するなどのインフラ的な運用はできませんが，モービルでの利用に便利な機能にこだわりを感じます．

■ GPSは純正オプション

　GPSアンテナ・ユニット（以下，GPSユニット）は純正オプションとしてラインアップされています．フロントパネルの背面に装着するタイプ（FGPS-1）と接続ケーブルでつなぐタイプ（CT-133，CT-136，FGPS-2の組み合わせ）の2種類があり，設置環境に応じて選ぶことができます（**写真2-56**）．

FTM-350A/AHの特徴的な機能（APRS関連）

● 大型LCDディスプレイ

　ビーコン内容のポップアップ表示を行い，ビーコン

の種類によって色を変えることができます.

● 隣接リンガー機能

任意に設定した距離内から発射されるビーコンを受信したことを音でもお知らせします.

● ラジオ放送を聴きながらアマチュア・バンドを「ながらワッチ」

アマチュア・バンドを2波同時受信しながら，ラジオ放送やライン入力につないだオーディオ機器の音楽を聴くことができるAFデュアル機能が付いているので（**写真2-57**），APRSのビーコンを送受信しつつも，ラジオ放送などを聞くことができます.

写真2-57　AFデュアル機能を活用中のようす

FTM-350A/AHのAPRS用の初期設定

初期設定はおもにAPRSセット・モードで行います.
[SET]キーを押して左側のダイヤルつまみで APRS/PACKETを選んで再びダイヤルつまみを押すと，APRSセット・モードの画面になります. 多くの設定項目がありますが，以下の設定を除いて出荷時のままでもOKです.

① GPSユニット（FGPS-1など）を取り付ける

GPSユニットがなくても位置データを手動で入力して運用することもできます.

② オプションのGPSユニットを有効にする

【メニュー操作】[SET]→APRS/PKT→E30 MY POSITIONをGPSにセット

GPSユニットがない場合は，MANUALに設定しE31 MY POSITIONで緯度経度を設定します.

③ コールサインを設定する

【メニュー操作】[SET]→APRS/PKT→E29 MY CALLSIGN

モービルの場合は自分のコールサインの後に-9を付

します. 詳しくは第5章 資料編のAPRS SSID推奨設定（適用）一覧を参照してください.

④ APRS機能をONにする

【メニュー操作】[SET]→APRS/PKT→E05 APRS MODEM

⑤ パケット通信の通信速度を設定

【メニュー操作】[SET]→APRS/PKT→E18 DATA SPEED→1.APRS

9600bpsまたは1200bpsを選びます.

⑥ シンボル（アイコン）の設定

【メニュー操作】[SET]→APRS/PKT→E32 MY SYMBOL

自局の運用環境に最も近いものを選びます. 通常は人か車のアイコンです. ここで設定した絵柄がコールサイン・位置情報とともに全世界に配信され，Google Maps APRSなどにも表示されます.

⑦ 周波数をあわせる

Sメータ付近に，Aと出ている側の周波数を144.64MHz（9600bpsの場合），または144.66MHz（1200bpsの場合）に合わせます.

APRS運用を開始する

初期設定が終わったら，すでにAPRSビーコンとメッセージの送受信ができる状態です. さっそくビーコンを送信してGoogle Maps APRSに「登場」してみましょう.

普段よく使うAPRS関連の機能は周波数表示の状態で[F]キーを数回押して出てくる[F-3]メニューに集約されています（**写真2-58**）.

写真2-58　[F]キーを何回か押して,[F-3]メニューを表示したところ

● ビーコン自動送信のON/OFF

【メニュー操作】[F-3]メニュー（**写真2-58**）で

BCONキーを押す

　自動送信機能を利用してビーコンを送信するのが一般的です．右バンドの周波数表示の上に○または◎が表示されている状態（**写真2-59**）のとき，ビーコンの自動送信が有効です．手動で送信するには，B-Txキーを押します．

写真2-59　右バンドの周波数表示の上に○か◎が表示されているときはビーコンの自動送信が有効

● 受信したビーコンのリストや詳細を見る

【メニュー操作】［F］キーで［F-3］メニューを表示させS・LISTキーを押す（**写真2-60**）．ダイヤルを押すと詳細が表示される（**写真2-61**）

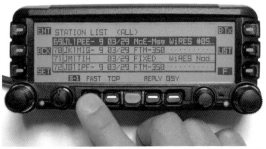

写真2-60　受信できたビーコンの一覧（ステーション・リスト表示）．ダイヤルを押すとその局の詳細が表示される

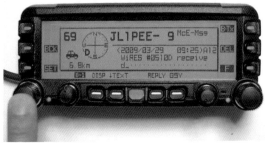

写真2-61　詳細を見たい局を選んでダイヤル（BANDキー）を押すと自局からの方向・距離などがわかる

　ステータス・テキストに周波数が適切に埋め込まれているビーコンに対しては，QSYキーを押すことで，その周波数にワンタッチで合わせることができます．

● メッセージを見る・書く・送信する

【メニュー操作】［F-3］メニューでMSGキーを押す

　MSGキーを押すと，送受信したメッセージの一覧が表示されます．

　この状態から内容表示（**写真2-62**）や返信，再送信などの操作が可能で，ディスプレイ下部と両サイド付近に表示されるキーの役割表示を頼りに操作します．

　メッセージ作成時の文字入力は付属のハンドマイク（**写真2-63**）のキーでも行うことができます（**図2-11**）．

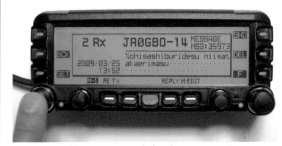

写真2-62　受信したメッセージ内容を表示させたようす

写真2-63　FTM-350A/AH付属のハンドマイク

運用環境にあわせて設定したい内容

● APRSのビーコン・ステータス・テキストの設定

【メニュー操作】[SET]→APRS/PKT→E14 BEACON STATUS TXT

　設定は任意ですし，いつでも変更できます．FTM-350A/AHの場合，音声通信用にチューニングしている周波数を他局に知ってもらえる「AFRS」に対応しています（p.40，コラム2-1参照）．交信チャンスを増やしたい場合は**写真2-64**のように設定してみてください．いまワッチしている周波数が自動的に情報として送信され，それを見た他局が呼んでくるかもしれません．

　なお，広帯域受信機能でアマチュア・バンド以外の周波数をワッチしている場合は，周波数は埋め込まれません．

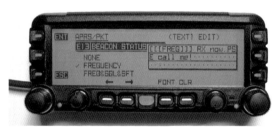

写真2-64　[[[FREQ]]]の部分に周波数が埋め込まれる

● ポジション・コメントの選択

【メニュー操作】[SET]→APRS/PKT→E33 POSITION COMMENT

　メッセージの送受信ができるようならIn Service，できないようならOff dutyに設定しておきます．Off dutyにしておけば，たとえメッセージが来て返信しなくても失礼にはならないので，メッセージの送受信操作に自信がない場合にはOff dutyをお勧めします．

● デジピータ・ルート（デジパス）設定

【メニュー操作】[SET]→APRS/PKT→E20 DIGI PATH SELECT

　WIDE1-1に設定します．

　その他，便利な機能も含めた設定例は，第5章 資料編の八重洲無線FTM-350A/AH APRS設定ガイドを参考にしてください．

■ APRSメッセージ入力時

DOWN【カーソル左】			UP【カーソル右】
1	2 ABC	3 DEF	A 【DEL】
4 GHI	5 JKL	6 MNO	B 【INS】
7 PQRS	8 TUV	9 WXYZ	C 【CLR】
* 【文字種】	# 【空白・記号】	【%】	D 【M-TX】
P1		P3	P4
P2			

※コールサイン入力時の＊はSSID変更
※#キーでの%入力は相手局側音声読上

■ 通常時

1	2	3	A 【M/VFO】
4	5	6	B 【BAND】
7	8	9	C 【MHz】
* 【L-BAND】	0	# 【R-BAND】	D 【SQL】
P1		P3	P4
P2			

※数字キーは周波数入力
※P1〜P4はユーザー設定

■ メモリ等書込時　文字入力

1 アイウエオ	2 ABC カキクケコ	3 DEF サシスセソ	A 【左】
4 GHI タチツテト	5 JKL ナニヌネノ	6 MNO ハヒフヘホ	B 【右】
7 PQRS マミムメモ	8 TUV ヤユヨ	9 WXYZ ラリルレロ	C 【CLR】
* 【文字種】	【空白・記号】 ワヲン	# 【終了】	D
P1		P3	P4
P2			

図2-11　付属マイクの各キーの役割．コピーしてトランシーバのそばに置いておくと便利

2-7 トランシーバ別APRS機能設定ガイド
八重洲無線　VX-8D/VX-8G

写真2-65　八重洲無線　VX-8D(左), VX-8G(右)

② 位置情報（緯度, 経度, 高度, 進行方向, 移動スピード）とそれに付随するシンボルとコメントの送信

③ メッセージの送受信

に対応し, APRS網を使った通信を行う移動局において必要と言われている機能を搭載しています.

一方, デジピータやI-GATEなどのインフラ系のシステムを構築するための機能（内蔵TNCを直接コントロールする機能や本体内蔵のデジピータ機能）は省略されています.

VX-8D/G, APRS用の初期設定

VX-8D/GのAPRS機能を使用するには, 初期設定を行う必要があります. 設定内容はVX-8D/Gともによく似ているので【　】の中に機種ごとのメニュー番号を示します.

● セットモードでの設定

ディスプレイに周波数が表示されている状態で［MENU］キーの長押しで出てくるメニューの中にある以下の項目を設定します.

① 内蔵時計を設定する

【VX-8D…98 TIME SET / VX-8G…90 TIME SET】

「設定」のところで［V/M］キーを押すまでは設定が反映されないので注意します.

② 受信セーブ機能をOFFにする

【VX-8D…79 SAVE RX / VX-8G…73 SAVE RX】

頭切れでパケットが復調できないことを防止するために, 受信セーブ機能をOFFに設定します.

VX-8DまたはVX-8Gを使ってAPRSを楽しむ

VX-8D/VX-8G（以下, VX-8D/G）は2波同時受信が可能なハンディ・トランシーバです（**写真2-65**）. 音声で交信しながら「APRSビーコン」を送信するという使い方ができます.

VX-8GはすぐにAPRS運用が楽しめるGPSをビルトインした144/430MHz対応機です. VX-8DはGPSユニットがオプションで50/144/430MHzに対応し, ラジオも聞ける広帯域受信機能が付いています.

VX-8D/Gの特徴

VX-8D/GではAPRSの機能のうち,

① 各種APRSフォーマットに準拠したビーコンの受信と内容表示

● APRSセット・モードでの設定

ディスプレイに自局の位置情報またはAPRS情報が表示されている状態でMENUキーを長押しすると出てくるのがAPRSセット・モード（**写真2-66**）です。ここで設定する項目を順を追って説明します。

写真2-66　APRSセット・モード

① 自局の位置を設定する

【VX-8D…21 MY POSITION / VX-8G…23 MY POSITION】

GPSレシーバ（VX-8Dの場合はFGPS2）を利用する場合には "Auto" に設定します。VX-8DでGPSレシーバ未接続の場合はここを "MANUAL" にして21 My Positionに緯度，経度を入力します。VX-8GでGPSをOFFで使う場合にも設定できます。

② 自局のコールサインを設定する

【VX-8D…20 MY CALLSIGN / VX-8G…22 MY CALLSIGN】

パケット通信で使うコールサインには，SSID（Secondary Station Identifier）という構文がありJA1YCQ-7などのようにコールサインの後にハイフンに続けて数字を付けることで複数の端末を同時に稼働できます。この "-7" の部分をSSIDと呼び，APRSではこのSSIDでビーコンを出す局の属性（運用形態）を示すことになっているので，それに従って設定します（**写真2-67**）。SSIDリストについての詳細は，第5章 資料編 p.130のAPRS SSID推奨設定（適用）一覧をご覧ください。

③ パケット通信のボーレート（通信速度）を設定する

【VX-8D…4 APRS MODEM / VX-8G…3 APRS MODEM】

近隣の運用実態にあわせて1200bpsまたは9600bps

のうちいずれかを選択します。APRS機能を利用しない場合はこのメニューをOFFに設定します。

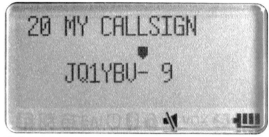

写真2-67　VX-8D/Gでは通常，SSIDナシ，-7，-8，-9，-14のいずれかに設定することになる。-7は徒歩などVX-8D/G単体での運用の場合。自動車に常設して運用する場合は-9にする

④ Bバンドに周波数を設定する

ディスプレイの下のほうに表示されている周波数がBバンドです。③で9600bpsに設定した場合は144.64MHzに，1200bpsに設定した場合は144.66MHzに設定します。

⑤ シンボルの設定

【VX-8D…22 MY SYMBOL / VX-8G…24 MY SYMBOL】

初期設定④で設定したSSIDのように，自局の現在の状態をイラスト（アイコン）で示すことができるのがシンボルです。例えば，固定局からビーコンを出す場合にはHouse QTH（VHF）などに，モービルの場合はCar，徒歩移動の場合Human/Personに設定するとよいでしょう。この設定に基づき他局の端末やAPRS地図サイト，各種アプリケーションにそのアイコンが表示されます。アプリケーションによってはシンボルに基づき情報の選別を行っている場合があるので，不適切なシンボルの設定は避けるべきです（悪い例：航空ファンなのでシンボルを飛行機に設定するなど）。

運用環境にあわせて設定したほうがよい内容

① ステータス・テキストの設定

【VX-8D/G共通…13 BEACON STATUS TXT】

APRSでは位置情報と文字情報を送信し，他局に見てもらうことができます。例えば「433.000MHz RX now!」などのように受信中の周波数などを明記して

おくと，ビーコンを受信した他局が自局と音声で交信するための手かがりを得ることができます．

② ビーコンの自動送信間隔の設定

【VX-8D/G共通…12 BEACON INTERVAL】

固定局の場合は20〜30min（分）に，移動局の場合は2min（分）以上に設定します．

③ ビーコンのデジピート・パス

【VX-8D…15 DIGI PASS / VX-8G…16 DIGI PATH】

移動局の場合は"P2（1）1 WIDE1-1"に設定，固定局などでデジピータを使わない場合は"P1（OFF）"に設定します．

④ スマート・ビーコンの設定

【VX-8D…24 SmartBeaconing / VX-8G…26 SmartBeaconing】

自動車は"TYPE 1"，自転車は"TYPE 2"，徒歩は"TYPE 3"を選択します．

⑤ ポジション・コメントの設定

【VX-8D…23 POSITION COMMENT / VX-8G…24 POSITION COMMENT】

メッセージ交換が可能なら"In service"を，不可能なら"Off Duty"に設定するとよいでしょう．

⑥ パケット通信の復調音を消したい

【VX-8D/G共通…7 APRS MUTE】

ここをONにしておくとAPRS機能を有効にしているときは，Bバンドのパケット通信の受信音を出力しません．OFFにしているときは，Bバンドのボリューム設定に準じます．

⑦ ラジオ放送を聞きながらワッチしたい

【VX-8D…1 APRS AF DUAL / VX-8G…機能なし】

ここをONにしておくとラジオ放送を聞きながらAPRSを運用するとき，Bバンドに信号が入ってもラジオを中断しません．

APRSビーコンを受信する

VX-8D/GはAPRS用の初期設定が終わった段階で，すでにAPRSビーコンの受信を開始しています．周波数表示の状態から［MENU］キーを2回押すと受信した局のリスト（＝ステーション・リスト）が表示されます（**写真2-68**）．このリストから情報を見たい局

をダイヤルつまみ，または［▲▼］キーで選択し，［MENU］キーを押すとその局の情報が表示され（**写真2-69**），もう一度押すとリストに戻ります．情報は1画面に表示しきれていないので必要に応じて，ダイヤルつまみ，または［▲▼］キーでスクロールさせればOKです．

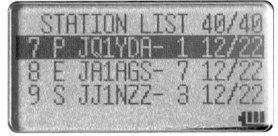

写真2-68 ステーション・リスト表示
ダイヤルつまみ，または［▲▼］キーでデータを見たい局に合わせて［BAND］キーを押すと写真2-69のような詳細表示になり，もう一度［BAND］キーを押すとリストに戻る

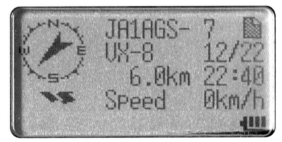

写真2-69 詳細表示
その局についての自局からの距離と方角などの詳細が表示される．ダイヤルつまみ，または［▲▼］キーでスクロール．気象局（気象情報局）などの情報も見られる

APRSビーコンを送信する

ビーコンの送信方法は手動と自動の2種類があり，状況に応じて使いわけます．「手動/自動送信の切り替えをビーコン送信のON/OFF操作として代用」すると使い勝手がよいようです．

ディスプレイにSTATION LIST，またはAPRS MESSAGEが出ている状態で，［MODE］キーを押すと，手動送信と自動送信（一定時間ごとに送信するインターバル・ビーコンと移動状況に応じて送信間隔が変化するスマート・ビーコン）を交互に切り替えることができます（**写真2-70**）．

手動送信…ディスプレイがSTATION LIST，または APRS MESSAGEの状態で，🖂キーを押したときだけビーコンが送信されます（初期設定はこちら）．

自動送信…BEACON INTERVALで設定した時間ごとに，ビーコンが自動的に送信されます（ディスプレイ左上に◎の表示が出る）．もう一度押すとスマート・ビーコンが有効になります（ディスプレイ左上に○の表示が出る）．

写真2-70 ビーコンの送信
ディスプレイの左上に○または◎印が表示されている場合は自動送信が有効．[MODE]キーで自動送信のON/OFFが可能．手動送信は🖂キー

メッセージの送受信

● 受信したメッセージを見てみる

周波数表示の状態から［MENU］キーを3回押すとAPRS MESSAGE画面になるので，見たいメッセージを選択し［BAND］キーを押すと内容を見ることができます（**写真2-71**）．

写真2-71 受信したメッセージを表示させたようす
メッセージを受信すると，「ピロピロ～」という電子音とともに本体右上のストロボが点滅し，メッセージを受信した旨を知らせてくれる（ポップアップはしない）．VX-8Gの場合は設定によりバイブレータでも教えてくれる

● APRSメッセージの作成と送信

あて先を指定してメッセージを入力後，🖂キー（イ

ンターネット・キー）を押して送信します．作成方法は次の3パターンです．**写真2-72**にキーボードのようすを，**表2-3**にメッセージ作成時のキー操作をまとめておきます．

① 受信したメッセージに返信

メッセージの内容が表示されている状態で［HM/RV］キーを押します．

② ビーコンを受信できた局に返信

受信したビーコンの詳細表示（内容表示）の状態で［HM/RV］キーを押します．

③ あて先コールサインも手動入力して送信

APRS MESSAGE画面で［HM/RV］キーを押します．

写真2-72 キーボードのようす

表2-3 メッセージ作成時のキー操作

アクション	操作
文字の選択	ダイヤルツマミまたはキーボードで選択
カーソル移動	← [BAND] ・ [MODE] →
文字削除	[▲▼]（CLEARを選択）＋ [V/M]
一文字挿入	[▲▼]（INSERTを選択）＋ [V/M]
定型文貼付	[▲▼]（MSGTXT1～5を選択）＋ [V/M]
作成中断	[HM/RV] キーを押す
作成再開	APRS MESSAGE画面で [HM/RV]
作成取消	[▲▼] キー（ALL CLEARを選択）＋ [V/M]
送信	🖂キー

※一文字入力するごとにカーソル移動のキーを押す
※メッセージは最大67文字まで入力可能

● メッセージを送信した結果

メッセージ送信後，相手局までメッセージが到達すると相手局から受信したことを示すデータ（Ack）が自局あてに送信されます（**写真2-73**）．VX-8D/Gではこのackが返ってくるまで間をあけて5回まで同じデ

写真2-73 Ackが返ってきた（送信完了）
メッセージが届いてAck（アックノウレッジ・パケット）が返ってきた場合．コールサインの前に＊が表示される

写真2-74 Ackが返ってこない（送信失敗）
5回再送信してもAckが返ってこない場合．コールサインの前に“.”が表示される

ータを再送信します．電波伝搬の状況やデジピータ，I-GATEなどの伝送ルートの関係でメッセージ・データやAckのやりとりがうまくいかない場合もあります（**写真2-74**）．

　再送信の残り回数やackの受信状態は，APRS MESSAGE画面を見て判断できます（**写真2-75**）．

● 送受信したメッセージを削除する

　APRS MESSAGE画面で削除したいメッセージを選択し［V/M］キーを押して削除します．再確認があるのでさらに［V/M］キーを押すと削除できます．そのほかのキーでキャンセルすることもできます．

写真2-75 再送信中
コールサインの前の数字で，あと何回再送信するかを示す

コラム2-3　スマート・ビーコンとトラフィック

● スマート・ビーコンとは？

　スマート・ビーコン（スマート・ビーコニングともいう）はKA9MVA，Steve Bragg氏が発案した機能で，移動速度に応じてビーコンの発信間隔時間を可変する一方，交差点を曲がるなどして進行方向が変化した場合に積極的にビーコンを発信するものです．

　これはビーコンを一定時間ごとに発信する場合と比較して，トータルでのビーコン送信回数を少なくしつつ，実際の走行ルートに近い移動軌跡が記録できるというメリットがあります．

　このスマート・ビーコン機能の詳細設定では，進行方向がどの程度変化したらビーコンを発信するか，何km以下で走行中はビーコンの発信間隔を長くするかなど複数の設定項目があり，あらかじめ現在の運用環境に適すると思われる値が設定されています．初期値のままでも問題ありませんが，運用に慣れたらこの詳細設定の内容を確認してみてはいかがでしょうか．

● トラフィックとは？

　本書やAPRSの話題には「トラフィック」という言葉がよく出てきます．これはAPRSが運用されている周波数のデータの流れ（または送信頻度）を指します．あえて無線を使っていることを強調したい場合には「RFトラフィック」と表現されることもあります．

　パケット通信では，何らかの信号を受信していれば（スケルチが開いていれば），その信号がなくなるまで（スケルチが閉じるまで）送信を待ち続けるので，トラフィックが多ければ多いほど送信しづらくなります．しかも，それぞれの局同士がさまざまな環境下で運用されていて，異なった伝搬範囲（＝受信可能範囲）を持ちますからことは複雑です．

　欧米ではトラフィック過多による弊害がすでに問題になりさまざまな解決策が考案されました．その中に含まれるのが，スマート・ビーコンであり，The New n-N Paradigm（New n-Nパラダイム）というデジパス設定の方針です．詳しくはp.79以降の解説をご覧ください．

第3章

パソコンも活用して 本格的に楽しむAPRS

APRSが普及した理由の一つに，APRS用に開発されたパソコン・ソフトウェアの充実が挙げられるでしょう．インターネットにつながったパソコンで，世界中の移動局や固定局の位置と情報をきれいな地図上で簡単に見ることができたり，Windows用のAPRSクライアント・ソフトウェアでデジピータなどのAPRSネットワークを支えるシステムが組めるなど，その充実ぶりには目を見張るものがあります．本章では，パソコンを使ったAPRSの楽しみ方を紹介します．

3-1 APRSモニタ・分析Webサイト

APRSは世界中で運用されていることもあり，さまざまなWebサイトからAPRSネットワーク内に流れる情報を得ることができます．

I-GATEがキャッチしたAPRS局のデータは，米国のAPRS COREサーバに集まります．この情報を利用して，さまざまな解析を行い見やすいように地図などと組み合わせて公開しているのがこれらのAPRSモニタ・分析Webサイトで，近年ますます充実してきています．

Webサイトを見ると，I-GATEがキャッチしたビーコンが世界中に配信されて分析できるようになっていることがわかります．日々の運用を品行方正に行う必要性を悟ることができると思います．

これらのWebサイトのうち，メジャーなものをピックアップして紹介しましょう．

Google Maps APRS
（グーグル・マップスAPRS）

● URL：https://ja.aprs.fi

APRSモニタ・サイトの代表格で，APRSを説明するときに必ず出てくるといっても過言ではありませ

ん．その名のとおりGoogle Maps（グーグル・マップス）の地図をベースに各APRS局の位置とコールサインが表示され（**図3-1**），クリックすれば情報が表示されるうえ，多彩な分析データまで見ることができます（**図3-2**）．

Google Mapsの新機能への対応も積極的に行われており，航空写真表示（**図3-3**）はもちろん，ストリート・ビュー（**図3-4**），Google Mapsが持つ渋滞情報表示（**図3-5**）にもいち早く対応しました．

● ログインとフィルタ

Google Maps APRSを開くと，APRSの情報以外にAIS（Automatic Identification System）と呼ばれるしくみを利用した船舶の位置情報も表示されます．これを表示しないようにするには，フィルタ機能（**図3-6**）を利用します．サインアップしてログイン（**図3-7**）すれば，設定したフィルタ機能を保持することもできます．

DBØANF APRS Server

● URL：http://www.db0anf.de/app/aprs

DBØANFにより運用されているWebサイトで，世

図3-1 Google Maps APRS https://ja.aprs.fi

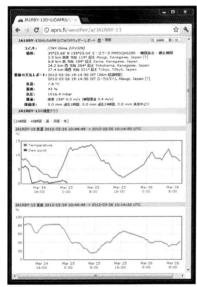

図3-2 分析データの表示例（気象局）

図3-3 航空写真表示

図3-4　ストリート・ビュー表示

図3-5　渋滞情報表示

図3-6　フィルタ機能設定
をクリックして出てくるメニューをこのように設定するとAPRSネットワーク内のデータのみ表示できる

界中のAPRS局，デジピータについての情報が検索できます（**図3-8**）．

特に情報の解析表示に特徴があり，そのうちの一つが，デジピータを利用して通信を行ったAPRS局を表示する機能です（**図3-9**）．これを見ることにより，このデジピータのサービス・エリアを知ることができます．ほかにもさまざまな視点で解析結果を見ることができ，APRS各局の運用状況を知るためにひじょうに有効なサイトといえます．

残念ながら2021年12月現在，動作を確認できません．

◀**図3-7**　サインアップしてメール・アドレスとパスワードを登録しておくと，より便利に使える

図3-8 DB0ANF APRS Server

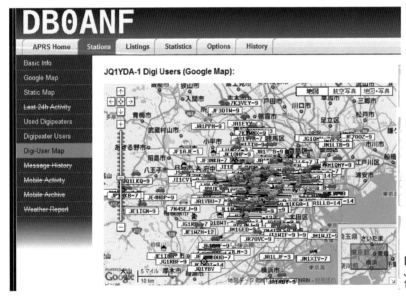

図3-9 Digi Users Map
JQ1YDA-1デジピータを利用した局の
位置とコールサインを表示した例

3-2 APRSクライアント・ソフトウェア

APRSクライアント・ソフトウェアとは，APRSサーバや無線で受信したAPRS局のデータを電子地図上に表示するなどの機能をもつソフトウェアです．

各ソフトウェアの世界的な使用比率は，おおよそUI-View32が約73%，WinAPRSが約15%，APRS＋SAとX-APRSがあわせて10%であり，残り2%がその他です．UI-View32が圧倒的なシェアをもっています．日本では20%のシェアをもつAGWTrackerも世界的には2%ほどです．

UI-View32（ユーアイ・ビュー32）

● URL：（p.70をご覧下さい）

UI-View32（**図3-10**）はWindowsパソコン用のクライアント・ソフトウェアです．

完成度がひじょうに高く，機能が豊富で，APRSネットワークにパソコンから参加することや，TNC（TNC内蔵トランシーバを含む）をパソコンにつないでAPRS周波数での送受信を行うことはもちろん，

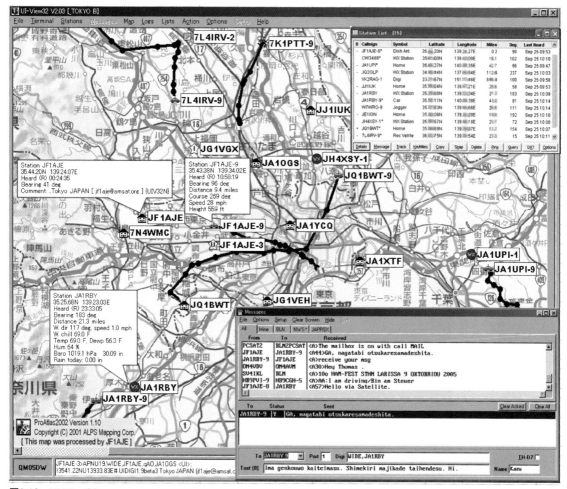

図3-10 UI-View32

I-GATEやデジピータ，気象観測装置を使った気象局の運用も可能です．

　現在のところ世界で最も利用局が多いソフトウェアで，コールサインを持つ方ならダウンロードして，簡単な登録手続を経たうえで使用することができます．UI-View32の機能を拡張するアドオン・ソフトもWebサイトなどで入手することができます．

　ソフトウェアはすべて英語で書かれていますが，中学校で学習するレベルの英語力があれば大丈夫だと思います．豊富な機能と親切なヘルプ（英文）もあり，Webサイトなどで日本語の解説も見つけることができます．

　このソフトウェアはメーリング・リストなどで得た世界中の多くのユーザーの声を反映し，「細かいところまで手が届く」ソフトウェアに仕上がっています．詳しくは本書p.68以降をご覧ください．

OpenAPRS（オープンAPRS）

● URL：http://www.openaprs.net/

　OpenAPRS（図3-11）はソフトウェアをパソコンにセットアップせずにWebベースで利用するもので，URLを開けばすぐに使えます．

　Google Maps APRSはAPRSの運用状況をモニタするのみですが，OpenAPRSは双方向で情報をやりとりで

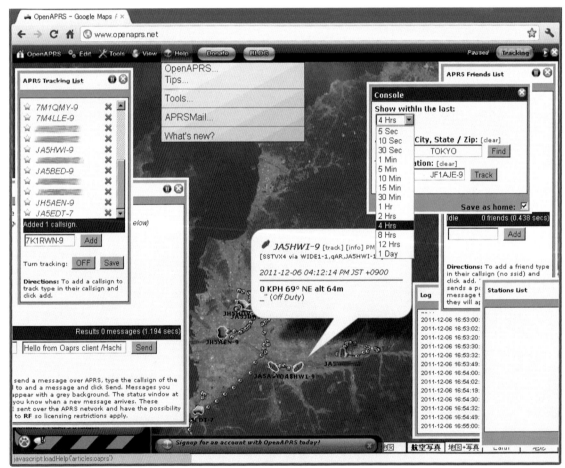

図3-11　OpenAPRS
一見してGoogle Maps APRSと似ているが，開発コンセプトがAPRS-WGの定義する「APRSクライアントの仕様」を強く意識しており，メッセージングにも対応している．このサイトは findU.com と共に老舗的存在で，筆者を含め，欧米を中心にファンが多い

きるクライアントです．画面の雰囲気は何となく似ていますが，モニタ・サイトとクライアントではコミュニケーションができる点で大きく異なります．

　OpenAPRSはAPRSの重要なコンセプトの一つであるメッセージング（メッセージのやりとり）にも対応しています．開発者はAPRS-WG（APRSワーキング・グループ）に近いN6VG，Gregory A Carter氏です．彼はAPRSssig（APRSシステムの維持や新機能開発，トピックスなどの情報をやりとりしているメーリング・リスト）でとてもアクティブで，APRSを熟知していますから，APRSの仕様上の観点からも完成度が高いものになっています．

　New Account Signuipでアカウント登録をしたのちにログインして使用すると，設定が記録されたりAPRSMail機能が使用できるようになるので，さらにおもしろく，使いやすくなります．なお，アカウントが未登録の状態では，誤操作してもAPRSネットワークに対しておかしなデータを発信してしまうことはありません．

　APRSMailとはインターネットの電子メールでAPRSメッセージをあて先局に送るゲートウェイ機能付きの電子メール・システムで，例えば，携帯電話のメール機能でAPRSメッセージを発信することもできます．これはAPRS-WGのUniversal Text Messaging/Contact Initiativeに関するアナウンスに従って搭載されています（findUにもこれに似た機能は搭載されている）．

　このクライアントは無料で利用できますが，起動するたびにVerificationの手続が必要です．4.99ドルを支払えばいちいちこの手続きを行う必要はありません．ほかに同氏が開発したOpenAPRS iPhone Editionもあります（解説は割愛）．

　図3-12はメニューの一部ですが，おもしろそうな項目を見ることができます．注目の機能は，移動局の追跡モードで，軌跡の色が時間の経過とともに変化します．この点もAPRSの仕様に忠実といえそうです．いつもGoogle Maps APRSを使用している方も，これを使用してみると，新しい発見があるかもしれません．

　残念ながら2021年12月現在，動作を確認できません．

AGWTracker（AGWトラッカー）

● URL：https://www.agwtracker.com/
　パソコンにセットアップするソフトウェアで，地図

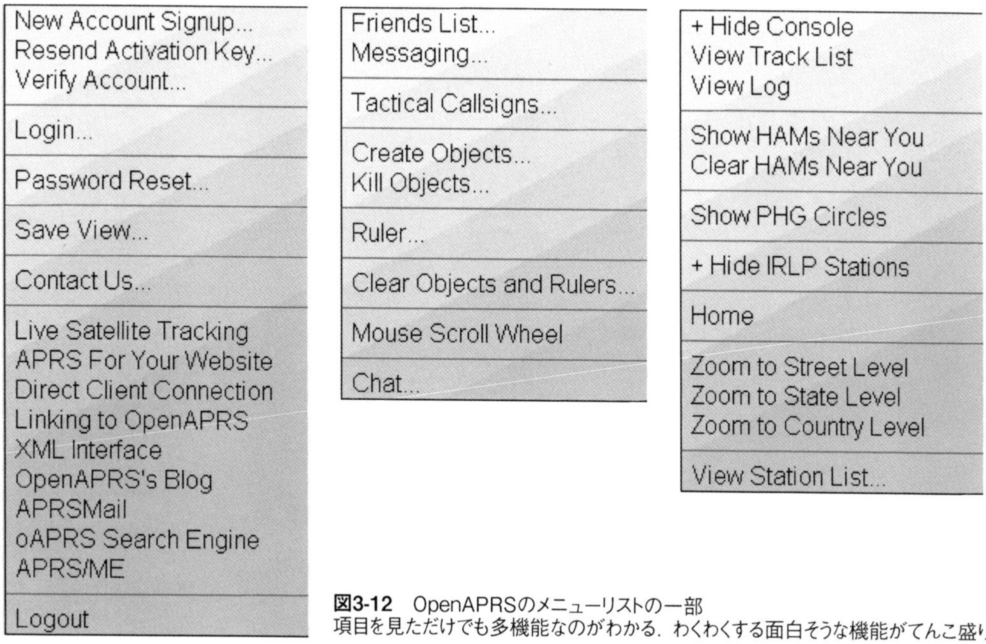

図3-12　OpenAPRSのメニューリストの一部
項目を見ただけでも多機能なのがわかる．わくわくする面白そうな機能がてんこ盛り

表示にGoogle MapsやYahoo Mapsなど複数のオンライン・マップを使うことができます（**図3-13**）.

特徴としては，AGWTrackerのWebサイトでダウンロードできるサウンドカードTNC（AGW Packet Engine）もセットアップしてパソコンとトランシーバを市販されているサウンドカード・インターフェースを介してつなげば，無線を使ったAPRSも楽しめます.

ギリシャ製のソフトウェアですが，筆者が2006年の春ごろにユーザー・インターフェースの部分の日本語化を担当しました（最新版の日本語化は未了です）.機能が絞られており，UI-View32に比較すると機能は少ないのですが，そのぶん初心者にも使いこなしやすい仕上がりだと思います.

APRSISCE（APRSアイ・エス・シー・イー）

● URL：http://aprsisce.wikidot.com/

米国発のAPRSクライアント・ソフトウェアで，APRSISCE/32という名称です. 現時点ではWindows（XP以降で64bit版を含む），Windows CE3.0, Windows Mobile 5～ 6.5に対応します. 将来はLinuxやMacOSにも対応予定で，現時点では開発中のフリーウェアという位置づけです（**図3-14**）.

● APRSISCE/32 の試用方法

ソフトウェアはWebサイトでダウンロードできます. ダウンロードすると，「APRSIS32.zip」のようなZIPファイルを得られるので，任意のフォルダに解凍します. すると，「APRSIS32.exe」という実行ファイルが生成されるので，ダブルクリックして起動します.

起動後，「Client Configuration」が表示されたら，**図3-15**を参考に設定してください. ここにある"Genius"，"NMEA"は今回は設定しません. シンボルの設定は「試験運用」ということで，筆者は「Red Dot」に設定しました.

設定完了後 "Accept" をクリックすると，メイン・スクリーンがひらきます. まず最初に自己位置を決定します. 地図のズーム・バー（ウインドウの左端にある＋－が表記されたバー）とドラック・アンド・ズー

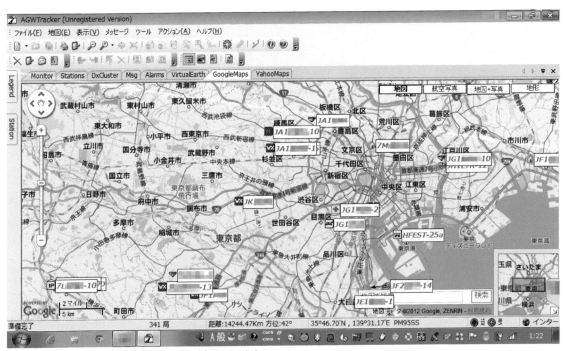

図3-13 AGWTrackerでGoogle Mapsを選び表示したようす

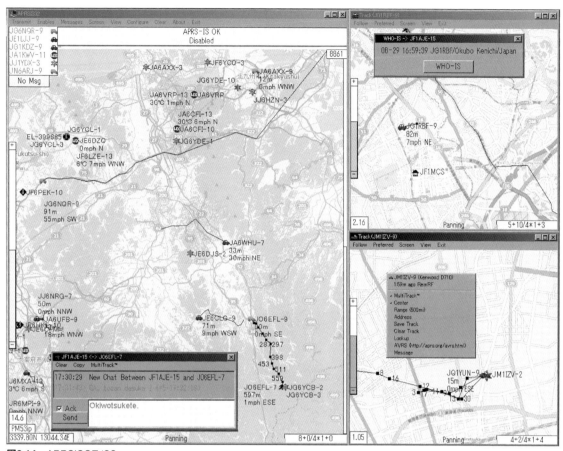

図3-14　APRSISCE/32
現在も開発中の最新APRSクライアント APRSISCE/32. UI-View32を超える機能，操作性を目指しているようだ

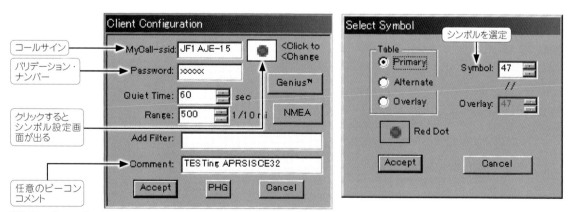

図3-15　Client Configuration
上記に示した設定以外は，ドキュメントを参照して設定する．いいかげんに設定するとビーコンが乱発されてしまう

ムで，"Red Dot" が地図上の自局位置になるように設定し，メニューの "Transmit" をクリックします．「Enables」の中の "Beaconing Enabled" をクリックしてOFFにすれば，不用意にビーコンが発信されるのを防げます．

ここまででAPRSサーバに接続され，各局のビーコンが表示されていると思いますが，ビーコン発信やメッセージ交換などの実運用を行う場合はWebのドキュメント（http://aprsisce.wikidot.com/menu:tree）

をじっくり読んでから行うとよいでしょう．なかなか高機能なクライアントなので今後が楽しみです．

● APRSISCE/32の利用についての注意点

APRSISCE/32は不適切な設定のまま動作させると想定外のビーコンを乱発してしまいます．実運用は機能，設定方法を理解されてからがよいと思います．

日本語マニュアルが作成される予定なので，自信のない方はそれを待ったほうがよいでしょう．

3-3 UI-View32で運用の幅を広げる

APRSのクライアント・ソフトウェアは，トランシーバと接続することで大幅に機能がアップし，キーボードでメッセージのやりとりをしたり，I-GATEやデジピータなど，APRSのインフラを担う運用もできます．

ここでは，Windows環境で動作する定番ソフト UI-

View32（**図3-16**）を使って，電波（AX.25 パケット通信）による APRS ビーコンの送受信，地図表示，メッセージのやりとりなどの基本的な機能が使えるようにセットアップします．第4章で I-GATE やデジピータを運用するために必要な設定項目についても解説します．

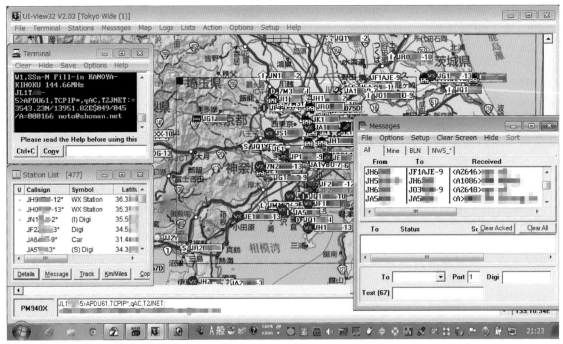

図3-16 UI-View32 V2.03の画面のようす

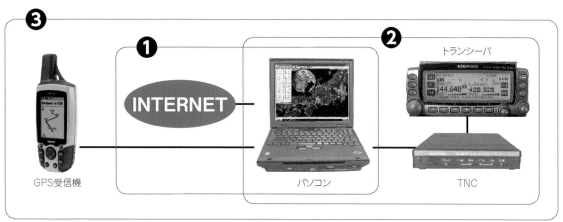

図3-17　今回は①＋②の構成でもOK．③は移動局の環境下でもフルに活用したい場合の構成

TNCをパソコンとトランシーバにつなぐ

　構成は**図3-17**のようになります．「TNC」とはAPRSで利用されているAX.25パケット通信の電波を送受信するための「モデム」に相当する装置（**写真3-1**）で，通信速度は1200bpsと9600bpsが使われています．

　昔，日本のメーカーも積極的に製造・販売していたTNCですが，現在は海外で製造・販売されているもののみで，日本では売られていないため，TNC内蔵トランシーバを使うのが一番確実です．また，無線局の免許に関する手続きも楽です．もし予算の都合や古いトランシーバを再利用するなどの理由でTNCを購入したい場合は，中古のアマチュア無線機器を取り扱っている販売店やインターネット・オークションで中古品を探して購入するか，海外のショップから「海外ネット通販」で新品を購入します．

　次に，TNCを内蔵したトランシーバとパソコンをつなぐ場合の要点を説明します．

● JVC KENWOOD TM-D710の場合

　パソコンと本機は操作パネルにあるPC端子（シリアル・ポート）とパソコンのRS-232C（COM）ポートとをオプションのケーブル「PG-5G（プログラミング・ケーブル）」で接続します．パソコンにRS-232Cポートがない場合は，USBシリアル変換ケーブルを利用して接続します．

● JVC KENWOOD TH-D72の場合

　パソコンにドライバー（ソフトウェア）をセットアップしてから付属のケーブル（USB接続）でパソコンとつなぐだけです．

　注意しなくてはならないのは付属のケーブルのドライバー（仮想COMポート・ドライバー）のインストールが完了するまでは，絶対にパソコンとTH-D72をつないではいけないことです（**写真3-2**）．

　ドライバーのインストール前

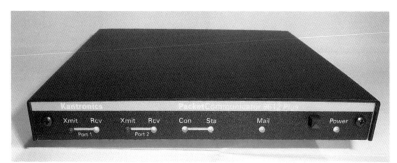

写真3-1　海外で販売されているTNCの例．1200/9600bpsに対応したカントロニクスのKPC-9612シリーズ．ほか1200bpsのみのKPC-3もあり，APRS運用での採用例も多い

にTH-D72をパソコンに接続してしまうと，間違った
ドライバーがインストールされてしまい，TH-D72と
パソコンが通信できなくなる場合があるので，付属の
ケーブルのドライバー（仮想COMポート・ドライバー）
のインストールは，JVC KENWOODのWebサイトの
説明に従って行ってください．

・JVC KENWOODのWebサイト
http://www.kenwood.co.jp/products/amateur/vcp_
j.html

● その他のTNC内蔵トランシーバの場合

アルインコのモービル機でTNCユニットを内蔵し
たもの（EJ-40UまたはEJ-41U）は，UI-View32での利
用実績があります．

八重洲無線のFTM-350A/AH，VX-8D/GはTNCが
内蔵されており，VX-8D以外の機種はパソコンともつ
なぐことができますが，現在のところUI-View32を使
ったAPRS運用には対応していません．

● TNC単体をトランシーバにつなぐ場合

9600bpsで運用する場合はデータ端子（パケット端
子）を利用して配線します．1200bpsで運用する場合
はデータ端子またはMIC/SP端子のどちらにつないで
もOKです．TNCとパソコン間はRS-232C（COM）
接続なので，COMポートがないパソコンを利用する
場合には，USBシリアル変換ケーブルを介して接続
します．

写真3-2 TH-D72は付属のケーブル（USB接続）でパソコンと接続する

UI-View32のセットアップ

UI-View32はWindows XP以降のWindowsパソコン
で動作する（Windows VISTA，7では一部の機能が
使えない），世界で一番人気のある英国製の英語版ソ
フトウェアです．アドオン・ソフトウェアも豊富にあ
り，飽きがきません．

このソフトウェアの開発は終了していますが，最終
バージョンであるVer.2.03は十分に完成度の高いもの
です．まずはソフトウェアのインストール，最低限の
設定，運用方法について解説します．

● 登録番号，認証番号の入手

UI-View32はコールサインを持つ方なら誰でもダ
ウンロードして使用することができますが，ソフト
ウェア利用のための登録番号（Registration Code）
とAPRSサーバ利用のための認証番号（Validation
Number）を取得する必要があります．

まず下記のWebサイトにアクセスしてください．
https://www.apritch.co.uk/uiv32_uiview32.php?lang
＝english

「Callsign」にコールサインを入力，「First＆Last
Name」にローマ字で名前を入力します（**図3-18**）．
"Register UI-View32"ボタンをクリックし，数時間
〜36時間後にもう一度このWebサイトにアクセスし
て「Callsign」と「First＆Last Name」を入力のう
え"Previously Resisterd"ボ
タンをクリックします．番号が
発行されている場合は寄付に関
するメッセージと以下のような
内容が表示されます（**図3-19**）．
（表示例）
Callsign：JF1AJE
Name：Sohachi Matsuzawa
UI-View Registration Code：
123456789012345
APRS Server Validation
Number：12345
（以下省略）
表示された内容は忘れない

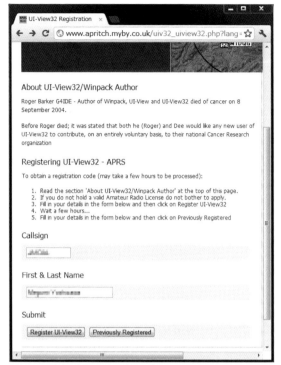

図3-18　登録番号，認証番号の申請はこのWebサイトでコールサインと氏名を"ローマ字"で入力する

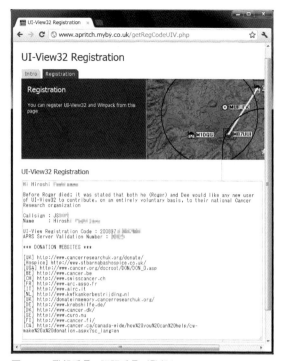

図3-19　登録番号，認証番号が発行された

ように控えておいてください．特にServer Validation NumberはAPRSサーバに接続する際に必要な番号です．「Please try later」と表示された場合はまだ未発行ですので，しばらくしてから再度確認してください．

● 利用のための寄付（任意）

　UI-View32は無料でダウンロードして使えますが，完全なフリーソフトではありません．開発者であるMr. Roger Barker（G4IDE）は2004年9月8日に癌で他界され，「各国の癌研究機関に寄付してもらえるとうれしい」とのメッセージを残しました．前例にならえば，寄付金額の目処は1,500円～2,000円で，国内の大きな癌研究機関なら，どこでも構わないでしょう．UI-View32が気に入ったら，後日でもよいので，ぜひ寄付をお願いいたします．下記は寄付先の例です．

- 公益財団法人 がん研究会
  http://www.jfcr.or.jp/
- 公益財団法人 高松宮妃癌研究基金
  http://www.ptcrf.or.jp/kifu/

- 公益財団法人がん研究振興財団
  https://www.fpcr.or.jp/

● UI-View32のダウンロードとインストール

　まず下記のWebサイトからUI-View32 V2.03をダウンロードしてください．

https://www.apritch.co.uk/uiview_software.htm

　自己解凍ファイルになっているので，ダウンロードしたファイルを実行すると自動的にインストールが始まります．お約束ごとですが，ほかの実行中のアプリケーションはすべて終了させてください．インストールはとても簡単です．以下に手順を示します．

① 「Welcome to the UI-View32 Setup Wizard」 → "Next"

② 「License Agreement」 → "I accept the agreement" を選択して "Next"

③ 「Information」 → "Next"

④ 「Select DestinationLocation」UI-View32をインストールするフォルダ→ "C:¥UI-View32"（¥ProgramFiles

　UI-View32の登録番号などを新たに得たい，昔もらった覚えがあるが，控えをなくして困っている……という話をときどき耳にします．そんな場合でも番号を確認することができます．

　登録番号，認証番号を申請するWebサイト（https://www.apritch.co.uk/uiv32_uiview32.php?lang＝english）にアクセスしてください．「Callsign」に貴局のコールサインを入力，新規取得の場合は"Resister UI-View32"を，再取得は数時間後に"Previously Resisterd"ボタンをクリックすると確認できます．

　このサイトで初めて照会する場合などは**図3-A**のようなメッセージが表示される場合があるようです．そんな場合でも，数時間～36時間後にもう一度このサイトで「Callsign」を入力して"Previously Resisterd"ボタンをクリックすると見られます．

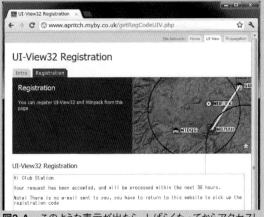

図3-A　このような表示が出たら，しばらくたってからアクセスしなおす

以外への変更がお勧め）

⑤「Select Start Menu Folder」→"UI-VIEW32"

⑥「Ready to Install」→"Install"

ここでインストールが始まります．

⑦「Completing the UI-View32 Setup Wizard」→"Lanch UI-View32"をチェックして"Finish"

⑧「The version of UI-View32 is……」と表示されるので"OK"をクリックします．

⑨「Resister UI-View32」の登録認証画面が出るので，"コールサイン，名前，登録番号（Registration Code）"を正確に入力し，"OK"をクリック．「Many thanks for……」と出れば登録番号が正しく認証されました．"OK"をクリックすると，いよいよUI-View32が起動します（ほかのメッセージが出るときは，入力内容が間違っている）．

　以上で，インストールは完了です．英語ばかりでわかりづらいと思うかもしれませんが，実際にやってみるととも簡単なので心配ありません．

　UI-View32はとても親切にできており，新たに何かを設定しようとすると「ヘルプを見て」とメッセージがでてきます．

"OK"をクリックすると設定しようとしている項目に関するヘルプが表示されますが，とりあえずは閉じてよいでしょう．

　ここまでで**図3-20**のような画面が表示されていればインストールは成功です．OKをクリックすると「Quick Start Guide」が開きますが閉じてかまいません．

動作に必要な最低限の設定

　それではUI-View32の設定を始めましょう．まずはインターネット環境さえあればAPRSを楽しむことができる，「インターネット接続によるAPRS運用」のための最低限の設定を説明します．

　以下に示す説明のとおり（説明のない部分はインストール直後の状態から変更なし＝デフォルト）に設定すれば，最初の一歩としての運用はできるようになります．繰り返しますが，このUI-View32はとても奥が

図3-20　このメッセージが出たら，インストールは成功

深く，さまざまなおもしろい機能が満載です．最初の一歩をクリアしたら，ヘルプやWebサイトの情報も参考にしながら理解を深めたうえで，いろいろと設定を変えて楽しんでみてください．

● 自局情報の設定

UI-View32のメニュー・バーから[SetUP]→[Station Setup]を選びます．ヘルプ画面が出ますが閉じて構いません．もう一度，[SetUP]→[Station Setup]をクリックして自局情報およびその発信に関する設定を行います（**図3-21**）．

入力が必要な各項目を順を追って説明します．

・「Callsign」

コールサインを入力します．固定局なのでSSIDは付けません．

・「Latitude」（緯度），「Longitude」（経度）

自局の位置座標を入力します．APRS対応トランシーバや地図サイトなどで調べた座標を入力します．例えば，TH-D72で「N35°44.20」と表示されている位置座標は，"35.44.20N"と入力します．

・「Unproto Port」

情報発信を行うポートの指定です．"1"でよいでしょう．

・「Unproto Address」

ここには"APRS"と入力します．トランシーバをつないでデジピータを利用するときはここに"APRS, WIDE1-1"などと入力しますが，外部アンテナを接続している固定局から"WIDE1-1"を指定してパケ

ットを発信すると，多くのデジピータが中継動作を行い，トラフィックが急激に増加してRF通信がしづらくなることがあるので，通常は"APRS"と設定してください．

・「Beacon comment」

自局の位置とあわせて発信するコメントを入力します．内容は任意です（48文字以内）．

・「Beacon interval」

自局ビーコンの発信間隔です．今回はインターネット接続の固定局ですので「Internet」に"30"（30分）を入力します．トランシーバとつないで無線運用をする場合は，「Internet」を"0"にし，「Fixed」を"30"にします．「Symbol」は"Home（家）"のままでよいです．最後に"OK"をクリックしてください．

● APRSサーバへの接続設定

[SET UP]→[APRS Server Setup]でApres Server Setupウィンドウ（**図3-22**）を表示させます．今回はトランシーバとパソコンを接続せずにAPRS サーバに接続して運用するための設定です．

・「Select One Or more Servers」

接続したいAPRS サーバを選択します．基本的にはTIER-2サーバに接続します．どのサーバに接続しても同様の情報を入手することはできますが，サーバのポート番号（サーバ名の"："に続く右側の数字）を指定して必要な情報のみを得るようにします．もし，制限なしにAPRS サーバから情報を受信すると，500情報/分以上の大量なデータが一気に流れ込んでくるため，パソコンのパフォーマンスが低下するかもしれません．現在では日本でもTIER-2 サーバが運用されているので，ここに接続させてもらいましょう．

・サーバの登録

「Select One Or More Servers」のリスト内の任意の位置で左クリックしてからキーボードのインサート・キーを押して，日本のTIER-2サーバのアドレス"japan.aprs2.net：14579"を入力後，Enterキーを押し，これがリストに追加されたらチェックします（ほかのサーバのチェックは外す）．

世界中の情報をすべて受信したいときは"japan. aprs2.net：10152"を入力，選択（複数選択可）します．

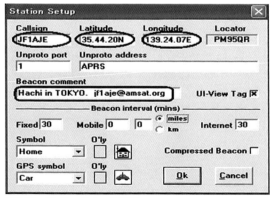

図3-21 Station Setupの画面

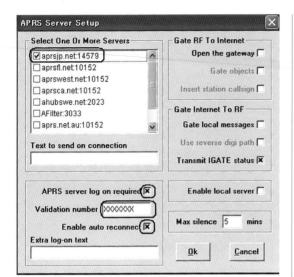

図3-22 APRS Server Setupウィンドウ

ください．「HELP」画面が出たら"X"をクリックして
閉じてから，もう一度"Connect To APRS Server"を
クリックします．「Log on when connected」が表示
されたら，"はい"をクリックします．これでAPRS
サーバに接続され，インターネット接続によるAPRS
運用局になりました．

図3-21 (p.73) の「Station Setup」の「Internet」で設
定した時間間隔でコールサイン，位置情報，シンボル
などが自動発信されます．停止するには，［Action］
→"Disconnect From APRS Server"をクリックして，
APRS サーバから切り離してください．

サーバに接続されると，音声合成による受信局コ
ールサインの読み上げが始まりますが，「MS Agent」
がインストールされていないと音声にならないので，
「Options」→"Sound Enabled"をクリックして音声
出力を停止しましょう．またインストールが完了した
状態では，英国の地図が表示されているはずですが，
［Map］・［Load A Map］→"Tokyo Area（2）"
を選択（図 3-23）し"Load"をクリックすると，関東
地方の地図に切り替わります．

パソコンのパフォーマンスによっては，動作が追いつ
かず制御不能になるので注意が必要です．

続けて以下の項目を設定していきます．

・「APRS Serve logon on required」

クリックして"チェック"します．

・「Validation number」

UI-View32登録時にメールで入手した「APRS
Server Validation Number」を入力してください．

・「Enable auto reconnect」

クリックして"チェック"します．UI-View32のサ
ーバへの接続が何らかの原因により切れた場合に自動
再接続を試みます．最後に"OK"をクリックします．

・Gateway関連の設定

右半分の「Gateway」関連の設定は，APRSの
「I-GATE」機能が理解できるまでは設定を変更しな
いでください（I-GATEの運用を誤るとRFトラフィッ
クに過大なインパクトを与え，他局の運用に影響を与
えてしまう）．

●情報の送受信

これで基本的な設定は完了したので，いよいよUI-
View32をAPRS サーバに接続して情報を受信してみ
ましょう．

［Action］→［Connect To APRS Server］と操作して

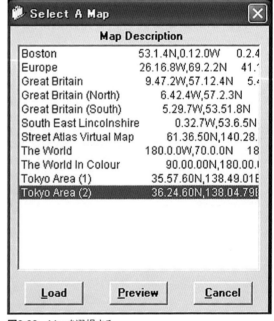

図3-23 Mapを選択する

UI-View32で使用する地図は，自作してインストールすることが可能なので，自宅周辺の地図を作成して使用するとよいでしょう．

これまでの設定で関東地方の局のシンボルとコールサインが表示されていると思います．固定各局は20〜30分ごとにビーコンを発信しているので，多くの局が表示されるまでには最低30分程度を要します．

UI-View32用の地図を作る

UI-View32はAGWtrackerなどのほかのソフトウェアとは異なり，インターネット地図は利用していないので，インターネットにつながっていないパソコンでも利用できます．その代わり，見たいエリアの地図を自分で作成する必要があります．導入時はサンプルとして東京周辺の地図などが入っています．

UI-View32では，パソコンで表示できる地図（電子地図）で，かつ経線緯線が地図のどの位置でも直行しているものであれば，その地図表示を使用して，UI-Wiew23の地図を作ることができます．

今回は，市販のデジタル地図やGoogle Maps APRSなどのデータを利用した自作方法の一例を紹介します．

① 地図をキャプチャする

作成したい地図エリアをパソコン・ディスプレイに表示させます．この状態で「Print Screen」キーを押すと，表示されている画面がパソコンのメモリ（クリップボード）に取り込まれます．

Google Maps APRSを利用する場合はフィルタ機能を活用し地図表示だけにするとよいでしょう（**図3-24**）．

② 画像編集ソフトでJPG（ジェイペグ）画像に保存

ペイントなどの画像編集可能なソフトを立ち上げ，「貼り付け（Ctrl＋V）」を実行すると，メモリにある画面データが画像編集ソフトに取り込まれるので，画像の余計な部分を編集により切り取り，GIFやJPEGなどの画像形式で「C:¥Program Files¥Peak Systems¥UI-View32¥MAPS」フォルダに保存します．

③ UI-View32のウィンドウにドラッグ＆ドロップ

このファイルをUI-View32の地図表示部分にドラッグ＆ドロップすると，UI-View32の地図表示は作成

図3-24 Google Maps APRSから地図をキャプチャする場合，フィルタ設定のチェックを全て外すと地図表示だけになる

した地図に切り替わります．同時にこの地図の座標定義用ウィンドウが開くので，「Method」の"Two Points"を選択します（**図3-25**）．

④ 緯度経度がわかる部分で「Ctrl＋左クリック」

表示されている地図のできるだけ左上の，正確な座標（緯度経度）がわかっているポイントで「Ctrl＋左クリック」すると，そのポイントに赤の「×」マークが表示され，「Point 1」と定義されます．同様にできるだけ右下のポイントで「Ctrl＋左クリック」により「Point 2」を定義します．

⑤ 各ポイントの緯度経度を入力

開いている座標定義用ウィンドウで「Point 1」，「Point 2」の"緯度（Latitude）"，"経度（Longitude）"を入力し，「Description」にその地図の"名前（任意）"を入力，"OK"をクリックします．緯度経度の入力は「Station Setup」で座標を入力したときと同じ方法，形式です．

⑥ 完成

これで，地図画像がUI-View32用の地図として取り込まれました．

ところで，デジタル地図で広いエリアの地図を表示させると，地図の図法によっては緯線経線の直行が崩れます．この場合，作成した地図の場所によっては緯度経度に大きな誤差が出る場合があります．

また，インターネット地図サイトの地図を利用する場合は，著作権や許容されている利用方法を侵害しないように注意する必要があります．

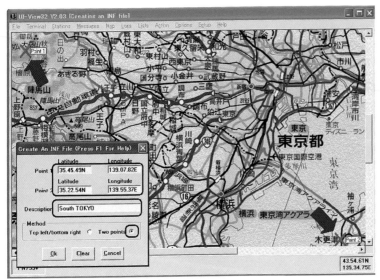

図3-25 地図の座標定義用ウィンドウ

ドを使うとUI-View32がもつUIデジピータ機能が使えるなどのメリットがあるので，"KISS"をお勧めします．

● **RF側のデータ通信速度設定**

RF（無線）のデータ伝送速度は，1200bpsまたは9600bpsを使いますが，TNC内蔵トランシーバの場合，TNCにコマンドを送ってこの速度を指定するのが一般的です．JVC KENWOODのTM-D710/S，TH-D72などのTNC-2コンパチブルなTNCがこのタイプです．設定はUI-View32の「KISS Setup」のInfo KISSに**図3-27**のようにコマンドを一つ書き足して対処します．書き足すコマンドは"HB 1200"で数字の部分がボーレートです．9600bpsの場合は"HB 9600"にします．

● **TNCモードに切り替える（TNC内蔵トランシーバ）**

TNC内蔵トランシーバの場合，内蔵のTNCを起動させる必要があります．

・JVC KENWOOD TM-D710/Sの場合

TNCキーを2回押して「パケット・モード」（パネル左上に「Packet」と表示される）に移行させます．

次にトランシーバを操作して，以下のように設定してください．

[517：AUX→EXT.DATA BAND→"A-BAND"]

[518：AUX→EXT.DATA SPEED="1200bps"または"9600bps"]

[519：AUX→PC PORT BAUDRATE="パソコンとの通信速度 Band Rate"]

UI-View32を起動するとTM-D710/S内のTNCの設定を自動で行い，運用できる状態になります．

・JVC KENWOOD TH-D72の場合

"2"キーを2回押してディスプレイの左上にPACKET 1200（9600bpsの場合は，PACKET 9600）と表示されます．その後UI-View32の「Comms Setup」の"OK"をクリックすると，UI-View32と

トランシーバとUI-View32を接続

トランシーバと配線済みのTNC（またはTNC内蔵トランシーバ）をパソコンにつないでUI-View32を設定して無線によるAPRS運用を行ってみましょう．

● **パソコンとTNC間の通信パラメータ設定**

UI-View32のメニューで[SET UP]→[Comms Setup]（**図3-26**）と操作し出てくる設定ウィンドウでTNCとパソコンとの間の通信に関する設定を行います．

ここでは「COM Port」，「Baud Rate」などをパソコンのCOM Portに合わせて設定します．ほかはデフォルトでOKです．

COM Portがわからない場合は，Windowsのデバイス・マネージャーで確認してください．JVC KENWOODのTH-D72の場合は，「Silicon Labs CP210x USB to UART Bridge」がTH-D72のCOMポートなのでその番号をメモします．

再び「Comms Setup」に戻り，「Host mode」で"KISS"を選択し，「Setup」を選択して「KISS Setup」画面の「Easy Setup」で"TNC2"をクリックして"OK"をクリックします．「Host mode」を"none"にしてTNC typeでTNC機種を選ぶことができますが，KISSモー

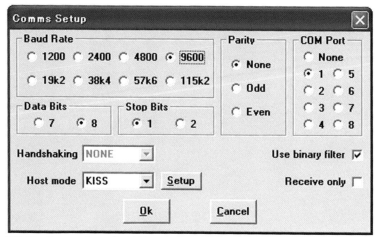

図3-26　Comms Setupウィンドウ

TH-D72が通信を開始し，自動的に初期設定が行われ，
［Station Setup］→［Fixed］で設定した時間間隔で
TH-D72からビーコンが送信されるようになります．

運用してみよう

APRSの運用形態は，p.69の**図3-17**に示すように，
① インターネット（APRSサーバ）接続のみによる
運用
② 無線のみによる運用
③ その両方を用いた運用

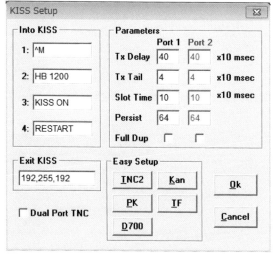

図3-27　Info KISS 設定にHBコマンドを書き加える

大別すると3パターンです．

　①のインターネット接続のみに
よる運用の場合でも，ほかのイン
ターネットに接続しているAPRS
局としか通信できないというわけ
ではありません．

　モービル局などのように，無線
のみによる運用の場合も電波が
届く範囲にI-GATEが存在してい
れば，発信したビーコンの内容が
I-GATE経由でAPRSサーバへ送
られ，世界中へ配信することがで
きます．UI-View32で無線のみに
よる運用を行った場合も同様で
す．

　それでは，UI-View32を使って運用してみましょう．
ここでは基本的な内容を解説しますが，これはAPRS
（UI-View32）のごくごく一部の機能になります．

● 通信内容の表示

　"Terminal" をクリックすると，UI-View32とAPRS
サーバとの通信内容やTNCとトランシーバを接続し
ている場合は，無線で送受信した通信内容が表示され
ます（**図3-28**）．

　少し運用に慣れたらぜひ無線側の送受信内容（運用
状況）をモニタし，自局周辺のRFトラフィックの状
況をモニタしてみてください．しばらく眺めていると，
いろいろなことが見えてきます．そう，RFトラフィ
ックをモニタすることは，快適なAPRS運用のために
は極めて大切なことなのです．

　なお，Terminal ウィンドウの［Options］→［Filter］
で "Exclude Internet Traffic" をクリックすると，
サーバから送られてくるデータの表示を抑制し，無
線で送受信したデータだけを表示でき，見やすくな
ります．

● 他局の情報を表示

　"Stations" をクリックすると，ビーコン発信局の
コールサイン，シンボル名，座標，貴局からの距離，
方位，最後にビーコンを受信した時刻などが表示され
ます（**図3-29**）．

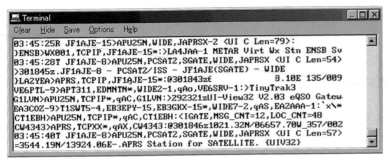

図3-28 ターミナル画面

リストの任意の局（または地図上のシンボル）をダブルクリックすると，その局が発信しているビーコン内容が表示されます．気象局（リストに「WX Station」と表示されている局）を表示させると，気象情報が表示されます．また，移動局（SSIDが-9の局），例えばJF1AJE-9を表示させると，移動方向や移動速度が表示されます．

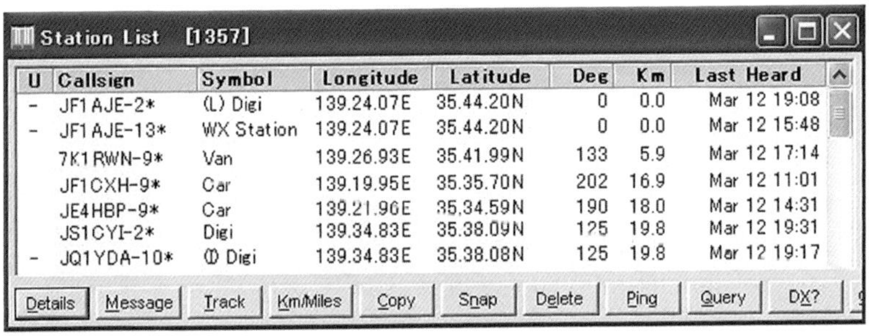

●メッセージ交換

他局からのメッセージを読んだり，送ったりします．"Message"をクリックすると，メッセージ・ウィンドウが開きます（**図3-30**）．

各局がやりとりしているメッセージは，上段の受信メッセージ欄に表示されます．自局あてのメッセージは，「Mine」タブの欄に表示されます．

下段は発信メッセージの欄になります．他局にメッセージを送るためには，「To」に「相手局コールサイン」を入力し，「Port」はインターネット経由で送る場合は"I"（"1"ではなく"I"です．パッと見ると似ているので注意），無線発信で送

る場合は"1"を指定します．「Digi」は空欄にし，「Text」欄にメッセージを入力（最大67文字）します．

ここで発信したメッセージがI-GATEにキャッチされると世界を駆け巡ることになるので，日本語（カナ，漢字など）は使えません．日本の局とは，ローマ字によるチャットが一般的です．

メッセージを入力したら，リターン・キーを押すと送信が始まります．

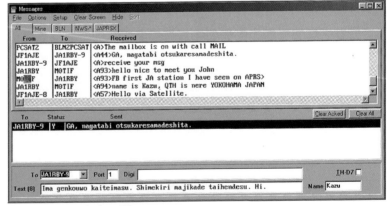

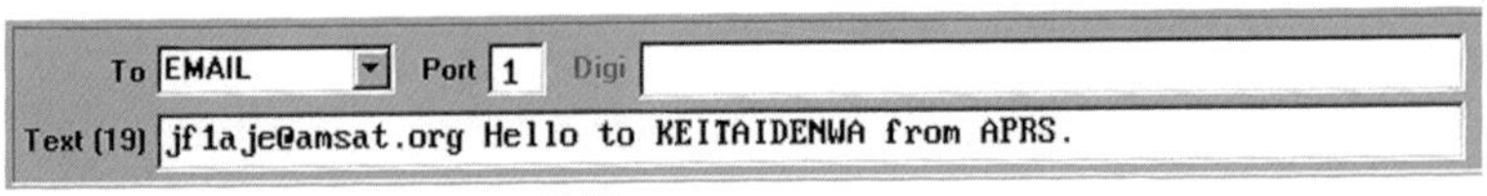

図3-29 他局のビーコン内容が表示される

図3-30 メッセージ・ウィンドウ

To	EMAIL	▼	Port	1	Digi	
Text (19)	jf1aje@amsat.org Hello to KEITAIDENWA from APRS.					

図3-31 インターネット・メールの発信

● E-Mail（インターネット・メール）発信

　図3-31で「To」に"EMAIL"と入力します．次いで「Text」に"jf1aje@amsat.org Hello to KEITAI-DENWA from APRS."のように，あて先メール・アドレス，スペース，本文を入力して送信（リターン）すると，E-Mailとしてあて先に届きます．

3-4 運用上の基本ルールとノウハウ

　普及してきたとはいえ，APRSはまだ発展途上の段階であり，運用ルールについては特に初心者には理解しづらい場合が多いと思います．ここでは，最低限守りたいAPRS運用上の基本ルールを紹介します．

多くの局がお互いに気持ちよく運用するために

　APRSは1990年初頭から世界中に普及し始めたシステムですが，日本で普及が始まったのは2004年に入ってからです．このころから筆者は，まず先駆者である欧米のAPRS運用を手本にすることによりAPRSを理解し，日本でもできるだけ信頼性の高いネットワークの構築を目指し，多くの日本のAPRS局が平均的に楽しみを分かち合える運用方法，インフラ構築方法を模索，提案してきました．

　このような経緯から筆者の記事やWebサイトは，とかくガイドラインや標準仕様に関する内容が多くなりがちですが，日本のAPRSを多くの皆さんが楽しめるAPRSにし，また世界に自慢できるAPRSインフラを構築したいという想いによるものに他なりません．

　欧米では日本より10年以上も前から，実にさまざまな多くの困難を乗り越えながらインフラ開発，改善や最適な運用方法の規定がなされてきました．その内容は米国のAPRSに関するさまざまなメーリング・リストを読んでみると理解できます．涙ぐましい努力が伺えます．

　まずは，日本もこの試練を乗り越えてきた欧米の現在のAPRSを見習うべきと考えています．そして日本のAPRSがグローバルなAPRSのレベルに追いつくことができたら，そこから日本に最適なインフラ，運用方法を模索し，米国のAPRS-WGと調整しながら日本に最適なAPRSシステムが構築できれば素晴らしいと思います．

　APRSは世界に対して大きく窓を開いているシステムです．運用方法を誤ると，国内のみならず海外のAPRS局にもその影響が及ぶため注意が必要です．ここではAPRS運用に際して，ぜひ留意していただきたい内容を記述させていただきました．

インフラは共有財産，モラルとルールは必要

　以前のアマチュア無線は，衛星通信などの一部を除いて個人が主体となって個人が構築したシステム（無線局）を運用することがほとんどで，システムの不具合や自己流の運用が他局の運用に大きく影響することはあまりありませんでした．

　ところが2000年台になってから普及し始めたEchoLinkやWIRESなどのVoIP無線やAPRSなどは，運用するために世界規模のインフラが必要で，このインフラは参加各局が協力して共同で構築していくという形態になっています．つまりインフラは共有財産であり，皆で同じインフラを維持し，上手に運用，利用していくということが極めて重要です．

　一部の局の不適切な運用は，インフラの安定運用を脅かすだけではなく，これを使用するほかの多くの局の運用に多大な影響を及ぼす可能性があります．共有インフラを皆が平等，公平に利用していくためには，どうしてもルール（運用基準）が必要になり，皆がこのルールに理解を示すことがとても重要なのではないでしょうか．

　もちろん，われわれの楽しんでいるのは趣味であるアマチュア無線であり，このルールは制度（法律）ではありません．しかし自分（たち）さえ良ければよいとか，他人に迷惑をかけてもよいという道理はどこにもありません．最低限のルールについては積極的に習得し，理解することにより，快適なインフラ運用，

APRS運用環境が実現されるのです.

ビーコンの送信間隔

　各種ビーコンは,移動局に対して多くの情報を伝えるためにRFで発信することが大切です.ところがRFのトラフィック許容度(一定時間内に伝送できる情報の量)はそれほど高くはありません.移動局はデジピータを指定していることが多く,また固定局のパケットは遠方まで届きます.つまり,多くの局が短い間隔でビーコンを発信すると,たちまちトラフィックが増加し許容量を超えてしまうために信号の衝突などが発生し,パケットの伝達率が著しく低下,各局の情報がAPRSサーバへ届きにくくなります.

　図3-32を見てください.仮にモービル局AがWIDE1-1で1秒間のビーコンを発信し,これを十数km離れた4局のデジピータB,C,D,Eが順に中継したとします.これは都心部で頻発する通常のトラフィックです.Aがビーコンを発信している1秒間はB,C,D,E局はAのビーコンを受信しているので,ほかのモービル局からのビーコン(A局のビーコンより弱い)は受信できません.

　次の1秒間は,BがAのビーコンを中継発信します.BがAのビーコンを発信している1秒間は,無論Bはほかのモービル局からのビーコンは受信できず,C,D,Eも固定局であるBからの強力なビーコンを受信しているので自局周辺のモービル局からのビーコンは受信できません.つまり,BがAのビーコンを中継している1秒間は,B,C,D,Eそれぞれのサービス・エリアすべての広大なエリアでモービル局からのビーコンが中継されないということになります.

　さらにC,D,Eも順次Aのビーコンを中継するので,合計5秒間は広大なエリアでモービル局のビーコンが中継できない(ビーコンがブロックされる)状態になります.Aという1局のビーコンがトラフィックに与える影響は,とても大きいということです.

　この広大なエリアでは1局が1回のビーコン発信で5秒間トラフィックを占有するので,各モービル局が1分ごとにビーコンを発信するとしたら12局までがこのエリアでインフラを利用できるということになりま

す.もし各局が15秒ごとにビーコンを発信したら……利用できる局数はたったの3局です.これでは発信したビーコンはなかなかサーバに届きません.

　実際はこんなに単純ではありませんが,都市部ではこの例と同等以上のトラフィックが発生していると推測できます.これがビーコン発信間隔を必要以上に短くしてはいけない大きな理由です.

　発信間隔は以下の値を推奨します.

> **固定局:20~30分以上(自宅局,気象局,デジピータ,I-GATE,オブジェクトなど)**
> **移動局:1~3分以上**

　ただし例外もあります.例えば気象局の場合,気象状況が急変しているとき(台風接近時など)は5~10分程度に変更し,より細かな気象状況の変化を伝えたほうがよい場合があります.また,イベントを報知するオブジェクトなどは,開催期間中には10~20分ごと程度にビーコンを発信し,移動局がシンボルを目指して移動しやすくすると効果的です.

デジピータの使い方

　APRS運用局が激増している日本では,RFトラフィックが過密になりつつあり,移動局(特にハンディ機など)が送信したビーコンがAPRSサーバに届きにくくなっています.これは移動局に比較して遥かに強力で安定(アンテナ地上高が高く,フェージングも少ない)した電波でビーコンを発信する固定局や,そのビーコンを中継する複数デジピータの電波が空間を占有し,移動局がビーコンを送信してもそれらの固定局の電波にブロックされてしまうからです.

　APRSの基本には「移動局の情報」,「ローカル情報」,「移動局との双方向通信」を優先という考え方があります.また,APRS RFネットワークの安定化のために開発された適正デジパス設定の指針(The New n-N Paradigm)もあります.ここでは,運用形態別に好ましいデジパス(デジピート・パス)設定について解説します.

● **固定局のデジピータ指定**
【設定内容…デジピータ,I-GATE,家シンボルの固定局はデジピータを使用しない】

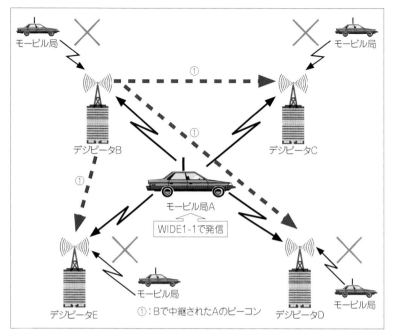

図3-32　デジピータを介して行われるビーコン発信

図中の表示：
モービル局
① : Bで中継されたAのビーコン
デジピータB
デジピータC
モービル局A
WIDE1-1で発信
デジピータE
モービル局
デジピータD
モービル局

をカバーする中狭域デジピータ）が多く運用されている地域においては，固定局（例えばTH-D72やVX-8シリーズのような小出力ハンディ機であっても，屋外外部アンテナに接続している場合は固定局と同様）が"WIDE1-1"や"WIDE1-1，WIDE2-1"でパケットを送信すると，多くのFill-inデジピータやWIDEデジピータがそのパケットを次々に中継し，極めて広範囲にわたって，RFトラフィックが急増するために移動局のパケットがI-GATEに届きにくくなるという状況が発生します．

　多くのAPRS局が平均的に快適なRFネットワーク環境を得られ，かつ移動局のパケットがAPRSサーバに届きやすくするためには，パケットの飛ばし方（デジパスの指定方法）に留意が必要となります．快適なRFネットワークが運用できれば，TH-D72などの小出力移動局のパケットもサーバに届きやすくなります．

　たとえ数局であってもその地域にとって不適切なデジパス指定，パケット送信，RFフィード（インターネット側から得たデータをRF側に送信すること）が行われると，ひじょうに多くの局のRF環境を劣化させる（＝迷惑になる）ので，十分な留意が必要です．

　すべての地域で上記のとおりになるというものでもありませんが，できればターミナルでRFトラフィックの状況を確認しながら運用できると，間違いないと思います．

　固定局のビーコンはかなり遠方まで飛んでいきます．固定局がWIDE1-1で発信すると，最低数局，ひどいときは10局以上のデジピータがそのビーコンを中継していると推定でき（ある1か所で半径数10km以上の広範囲のRFトラフィックを正確にモニタするのは困難だが，自局周辺のトラフィックを見ることにより

　APRSシステムとしての一般論ですが，通常の固定局（自宅，デジピータ，I-GATEなど）が自局の存在を報知するために発信するRFパケット（ステーション・ビーコン）は，直接電波が届かない遠隔地に伝達する必要はなく，あくまで近傍を移動する移動局に情報を伝達することが第一の目的という考え方が基本です（APRS衛星は除く）．

　一方，自局の存在を遠方（海外を含む）の固定局に伝えたり，RFネットワーク解析を行うためには，I-GATEまで届かせてAPRSサーバに送る必要もあります．

　したがって固定局のデジパスは，直近のI-GATEまでビーコンが届く必要最小限のデジパス指定が好ましいといえます．デジピータ経由なしで直接I-GATEに届く場合や，自局がAPRSサーバに接続して直接サーバにパケットを送っている場合などは，デジパスはなし（デジピータを使用しない）が，RFトラフィックを軽減させるために有効で好ましい設定といえます．

　特に都市部などFill-inデジピータ（普通の固定局に立てられたデジピータなど，おおむね半径10km以内

遠方のトラフィックを容易に推定できるビーコンも多く存在する），一時的にほとんど隙間なく電波が飛び交うRFトラフィックの麻痺状態を引き起こします．

APRSではデジピータやI-GATE，家シンボルの局のRFビーコンを多段中継で遠方の移動局に伝達させる意味はあまりないため（プライオリティが低い），このようなビーコンはデジパスなしでの運用がよいでしょう（**写真3-3**）．もちろんデジパスなし（デジピータを使用しない）でI-GATEにデータが届かない場合は，特定のデジピータを指定するなどしてデジピータを活用すればOKです．

写真3-3 デジピータを使用しないように設定した例（TH-D72）

つねにオペレーター不在の固定局（家シンボル）のRFビーコンは，移動局がその固定局とメッセージ交換ができるわけでもなく，その局が無言で自局の存在を示しているにすぎません．

地方では移動局が「こんなところにもAPRS局が」というような，RFで固定局の存在を知るという意味は大きいと思いますが，都市部ではRFトラフィック軽減の必要性から，このような局がRFでビーコンを送信するのは控えたほうがよいと思います．

自局の存在を広く公知したい場合は，RFではなくインターネット経由で直接サーバにビーコンを送るのも一つの方法です．移動局に伝達することにあまり意味のないようなビーコンも同様です．

● 気象局，オブジェクト送信局のデジピータ指定

【設定内容…特定デジピータ，SSn-N を利用する】

気象情報やイベント情報は比較的広い範囲の移動局に伝達する意味がある（さまざまな考え方がある）ので，特定デジピータ指定やSSn-N指定（p.128参照）による特定地域への伝達が適切です．

● 移動局のデジピータ指定

【設定内容…"WIDE1-1"のみ，"特定デジピータ"のみ，"SSn-N"などを設定する】

すでに都市部では多くのデジピータやI-GATEが存在しているので，この地域を移動する移動局のビーコンはデジパスなしや"WIDE1-1"指定のみ（**写真3-4**）でかなり高い確率でAPRSサーバに届きます．

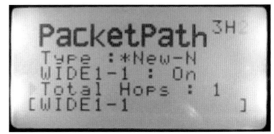

写真3-4 WIDE1-1の1指定のみの設定例（TH-D72）

"WIDE1-1，WIDE2-1"指定では遠隔地の移動局Bに自局Aの移動状況を伝達することができますが，その移動局Bと双方向通信ができるのは結局移動局Aが自分が利用した広域デジピータと直接通信できるエリアを移動している場合だけです．

頻繁に走行する経路（通勤路など）では，ベストな特定デジピータを模索し，それを指定するのもスマート（効果大）です．そのデジピータがWIDE（広域）デジピータである場合，その方は恵まれた環境といえます．なぜなら少ない（デジピータ利用）トラフィックで比較的遠方の移動局と双方向通信ができる可能性が高いからです．

また，"SSn-N"を活用するのも効果的です．例えば東京を移動している場合，"TK1-1"をデジパス指定すると東京のデジピータだけが反応するため，モービル局が停車中に遠方までパケットが飛んで，神奈川南部や埼玉北部など遠隔地のデジピータが反応するということも避けられます．

● デジピータのまとめ

トラフィックの少ない地域では遠くまで飛ばし，遠隔地の移動局に自局情報を伝えるのはRFネットワークの運用上，許容されますが，都市部（高トラフィック地域）に関しては各局が遠くに飛ばそうとすること

自体パケットの潰し合いをすることとなり，遠くに飛ぶことがあっても安定したネットワークとはいえず，特にAPRSにおいて優先すべき移動局からの情報が取得しにくくなるという結果を招いてしまいます．

悪いことに移動局も自局の情報がサーバに届きにくいため，多段デジパスや高頻度ビーコンを使用することにより，さらにトラフィックが増えるという悪循環が発生します．

現在の都市部では，送信出力を上げても空中線利得を上げても空中線高を上げても，その局のパケットがやや通りやすくなることはあっても，ほかの局に対する悪影響のほうが大きく，多くの局が平均的に快適な環境で運用するということからますます離れていくことになります．言い替えれば飛ばすことは他局に迷惑をかけること（ネットワークの信頼性を低下させる）に近く，「必要以上」に飛ばさないことがスマートな運用といえます．

この考え方はすでに欧米では常識となっていますが，いよいよ日本でも実行すべき時期がきているといえます．飛ばしたい気持ち，目立ちたい気持ちを少し我慢し，多くの局（特に移動局）が平均的にできるだけ快適に運用できるよう，RFネットワークの安定動作を維持していこうではありませんか．

本解説はすべての地域に該当するものではありませんが，ポイントは適時適切なデジパス，ビーコンの送信間隔などの設定が重要ということです．もちろん場合によっては，上記にのっとらない運用が適切な場合もあります．ぜひUI-View32のターミナル画面などで自局周辺に飛び交っているパケットをモニタし，RFトラフィックの状況把握を行ってください．

【注意】WIDEデジピータの次にFill-inデジピータを指定する“WIDE2-1，WIDE1-1”は，APRSでは世界共通の禁止事項です．広域デジピータに中継されたパケットを多くのFill-inデジピータが再度中継するため，広範囲でRFトラフィックが輻輳状態に陥ります．

メッセージ・フィードについて

自宅周辺（といってもかなり広範囲の局もいるが…）で広域（遠隔地）のAPRSパケットを頻繁に受信した

いがため，APRSサーバ→RFのI-GATEを運用されている局も散見されます．

このI-GATEから発信されるサードパーティ・パケット（メッセージ・フィードを含む）は，通常のビーコンよりデータ長が長く，かつ固定局から発信されているものなので，RFトラフィックに与える影響は大きいのです．したがって，多くのRFトラフィックが飛び交っている地域では，ゲート・パケットの選別，ゲート量の相当な制限などを考慮して運用しないかぎり，APRS RFネットワークの信頼性が損なわれる結果を招きます．

メッセージ交換

メッセージ交換を行う上でのポイントをいくつか紹介します．

● ひらがな，カタカナ，漢字は使用しない

国内同士のメッセージ交換も世界を駆け巡ります．日本語コードは海外局のパソコンでは正常に表示できないばかりか，ときとして悪さをする可能性もあるので，使用することはできません．

日本人同士ではローマ字やQ符号，CWの略号などが多用されています．海外とのメッセージ交換も，前記に加えて英単語の羅列でも十分に通じます．

● 返信の必要性（リアル・タイムでなくてもOK）

運転中の返信はとても危険です．運転中すぐに返信できないことは，メッセージの発信者も理解しているので，安全な場所に停車してからゆっくり返信しましょう．

APRSでは返信が遅くなることはまったく問題ありません．一日経ってから返信してくれる海外局や，友人局あてのメッセージに「彼はいま返信できない」と代理で返信メッセージをくれる海外局もいます．遅れても返信することが大切だと思います．

初めての局からメッセージをもらったら，ぜひ返信しましょう．そこからコミュニケーションが始まります．また，海外局からメッセージをもらった場合も，ぜひ返信してください．「HELLO．TNX MSG．73」でも十分です．

: アイボール会，親睦会

: ハムフェア，ハムの集い

Ⓔ : Echolinkノード

Ⓦ : WIRESノード

図3-33 おもなオブジェクト・ビーコンのアイコンと意味

オブジェクト・ビーコンの使い方

オブジェクト・ビーコン（**写真3-5**，**図3-33**）のおもな目的は，近くを移動しているAPRS移動局に楽しそうなイベントやVoIP無線ノード局の情報などの役立つポイントが近傍にあることを伝えることであり，自宅のパソコンで地図を見ている人たちに情報を提供することが第一の目的ではありません．

したがって，それらのオブジェクト・ビーコンは，イベント開催地やノード局の周辺をカバーするRFで発信するのが正しい運用方法です．特にVoIP無線のノードの存在を知らせるオブジェクトは，できればその「ノード」や「レピータ」のサービス・エリアと同等のエリアにビーコンをRFで送信（報知）することができれば，情報の価値，信頼性がひじょうに高くなります．

報知したこの情報がRF→I-GATE→サーバに送られるのは正しいことで，問題ありません．これらオブジェクト・ビーコンをサーバへダイレクトに送ることが間違いで，APRSとしてはほとんど意味を持たない情報ということができます．

また，報知しようとしているノードのサービス・エリアとまったく異なる地域で送信するのも意味がありません．

なお，RFで発信したオブジェクト・ビーコンをサーバへ送りたくない（インターネット接続のパソコンの地図上に表示したくない）のなら，ビーコン・パケットのデジパスのどこかに"RFONLY"か"NOGATE"を挿入しておけばI-GATEはこのビーコンをサーバに送りません（Google Maps APRSに表示されない）．

エマージェンシー・ビーコン

位置情報にポジション・コメントとして付加して発信する「EMERGENCY！」（エマージェンシー）は，「緊急事態発生！救援求む」を意味するSOS信号で，米国では実際に組織的に運用されており，とても重要視されている信号です（**写真3-6**）．

現在，日本ではこの信号を受信したときの対応に関する共通のルールがありませんが，日本国内であってもこのビーコンを発信すると，その信号は世界中に配信され，世界中の多くのAPRSクライアントが何らかの音響や各種表示によるアラームをオペレーターに伝え，救援要請をしているAPRS局がいると認識されます．過去に日本から発信されたこの信号に対し，諸外国から確認要請のメッセージが日本向けに送られたこともあります．

したがって，本当に緊急事態でないかぎり，この「EMERGENCY！」信号は絶対に発信しないでください．お試しも厳禁です．間違って発信してしまった場合は，ポジション・コメントを「EMERGENCY！」以外に変更し，ステータス・テキストに「It is a false report（誤報です）.」など，誤報である旨を示したビーコンを直ちに送信してください．これは万国共通のルールです．

写真3-5 JVC KENWOODのモービル機，TM-D710で受信したオブジェクト・ビーコンの例．上記はJARL神奈川ハムフェスティバルの情報．連絡周波数や開始時間，会場の位置などがわかる．もちろん同社のAPRSハンディ機TH-D72でも受信して表示できる

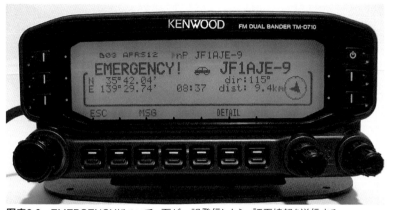

写真3-6　EMERGENCYについて. 万が一誤発信したら, 訂正情報を送信する

また, このビーコンを発信している局を見つけた場合には, メッセージで安否を問い合わせたり, 希望する救援内容の確認を行うと, 緊急支援に役立つかもしれません.

山の上など高所地域での運用方法

全国には「××スカイライン」のような名称の標高の高い観光ドライブ道路（**写真3-7**）が多く存在しますが, このような道路を移動するときには, かなり広範囲（遠距離）にビーコンが飛ぶので, 峠を通過するような一過性ではなく, 連続的に長時間標高の高い道路を移動する場合は, デジパス設定やスマート・ビーコンの設定に関する留意が必要です.

例えば, 伊豆半島の伊豆スカイライン（標高が高く, くねくね曲がっている）を平地走行設定のスマート・ビーコンONで走行すると, スマート・ビーコンがフ

写真3-7　観光ドライブ道路の雰囲気

ル稼働し, 高頻度で位置情報パケットが発信されます. さらにデジパス設定が "WIDE1-1" だと, 関東地方のほぼ全域と東海地方のデジピータの相当数がこのビーコンに反応して中継動作を行い, RFトラフィックの過多により長時間麻痺（パケット通信ができなくなる）状態に陥ります. このような場所を走行するときは, 「デジパス指定なし」か「特定デジピータの指定」のみとし, またスマート・ビーコンもOFFにするとよいでしょう.

ちなみにGoogle Maps APRSやFindU.comなどのAPRS COREサーバ接続の運用状況モニタWebサイトでは, さまざまなルート（異なるデジピータ, 異なるI-GATE, 異なるT2サーバなど）を経て30秒以内に到達した同一パケットはすべて捨てて記録されるので, 記録されているパケットは, 実際に空間を飛び交ったRFパケットのごく一部でしかありません. 注意が必要です.

APRSの運用周波数

現在, 日本のAPRSは, 144.64MHz（9600bps）と144.66MHz（1200bps）が全国共通周波数として定着しています（**写真3-8**）. APRSは移動局が移動しながらさまざまな場所, さまざまな時間にさまざまな楽しく役立つ情報を入手し, その情報を元にさらに他局とのコミュニケーションの輪を広げていくというのが大きな目的の一つです.

皆が違う周波数で運用していると, 対向車線をすれ違っていくAPRS局がいても気がつくことができませんし, ハムの集いやジャンク市の近くを走行していても, そのイベントに気がつくことができません. つまり, より多くの情報共有のためには共通の周波数, データ速度での運用が必要だということです. また, 固定局からAPRSサーバに直接送り込んだ情報は, その固定局の直近を走行している無線運用のAPRS移動局

写真3-8 日本ではデータ通信専用区分の144.64MHz（9600bps）と144.66MHz（1200bps）が使われている

にも伝わりません.

　インターネット接続のパソコンの地図上に，自局のシンボルやオブジェクトを表示させることがAPRSの目的ではありません. 移動局に情報が伝わらなくては，APRSの目的を達することはできず，ほとんど意味のない情報発信といえます. さまざまな情報は積極的に無線で発信し，同じ趣味を持つご近所，全国，全世界の人とのコミュニケーションをどんどん広げましょう.

きれいな軌跡を描くなら

　自分の移動軌跡をGoogle Maps上にきれいに描きたいのなら，APRSは決して最適な選択ではありません

（図3-34）. なぜならAPRSは多くの無線局が一つのインフラを共有して運用するものなので，皆がこのインフラ・リソースを平等に利用する，つまり，そのためにインフラに自分の信号を流す量にはおのずと制限がかかり，地図上に多くのアイコン（軌跡）を残せないからです.

　具体的には，地図上に軌跡を残すための自己位置の発信は，RFトラフィック過多を防ぐためにどのような場合でも平均1分以上の間隔をあけて行うというのが基本ルールです. つまり1分間隔でしか移動軌跡（位置座標）を記録できないということになります. 歩行であれば1分ごとでもそれなりの軌跡が残りますが，自動車などで走行している場合には，1分ごとでは交差点で曲がったときや，曲がりくねった道路などでは走行軌跡を地図の道路上に残すことが難しくなってきます. また，山歩きなどの場合には，谷底や山影を歩行しているときに位置座標ビーコンがI-GATEに届かずに，位置座標が記録できないことも十分に考えられます. つまり移動軌跡を緻密（きれい）に記録することを目的に使用するには適切なシステムではないといえます.

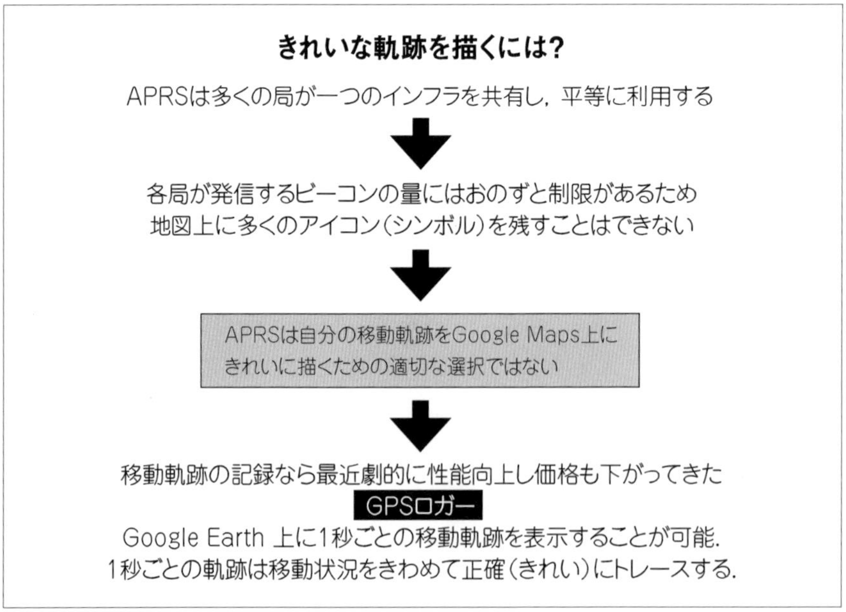

きれいな軌跡を描くには？

APRSは多くの局が一つのインフラを共有し，平等に利用する

各局が発信するビーコンの量にはおのずと制限があるため
地図上に多くのアイコン（シンボル）を残すことはできない

> APRSは自分の移動軌跡をGoogle Maps上に
> きれいに描くための適切な選択ではない

移動軌跡の記録なら最近劇的に性能向上し価格も下がってきた
GPSロガー
Google Earth 上に1秒ごとの移動軌跡を表示することが可能.
1秒ごとの軌跡は移動状況をきわめて正確（きれい）にトレースする.

図3-34 きれいな軌跡を描くにはGPSロガーがベスト

(a) GPS Logger（5sec）による軌跡　　　　**(b)** APRS（1min）による軌跡

図3-35　GPS Logger（ロガー）とAPRSの軌跡の比較

　移動軌跡を記録するなら，最近劇的に性能向上し，価格も下がってきたGPSロガーが最適です．これはタバコの半分以下の大きさで電池で動くGPS受信機で，ポケットやリュックの中に放り込んでおけば毎秒（設定による）位置座標をGPSから取得し，この小さな本体に記録するというもので，記録終了後パソコンに取り込めば，Google Earth上に1秒ごとの移動軌跡を表示することができます．1秒ごとの軌跡は，移動状況をきわめて正確（きれい）にトレースできます（**図3-35**）．

　TH-D72には，このGPSロガー機能も搭載されています．搭載されているGPS受信機はひじょうに高感度で，鞄の中はもとより車内でも位置座標を得ることができます．自分の移動軌跡を地図にきれいに残したい場合は，JVC KENWOOD TH-D72に搭載されたGPS

ロガー機能を活用してみましょう．驚くほど正確に，きれいに軌跡を表示することができます．

JVC KENWOOD, TH-D72のGPSロガー機能を使って記録した位置情報をパソコンの地図ソフトで見ることができます（**図3-A, 図3-B**）．

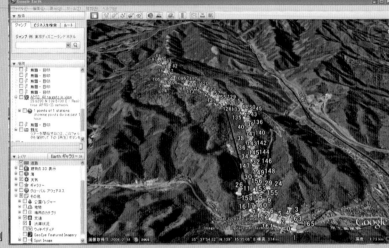

図3-A　ログ・データを Google Earthで見た例

図3-B　ログ・データを カシミール3Dで見た例

● GPSロガー機能の初期設定と機能のON/OFF

JVC KENWOOD TH-D72のロガー機能を初めて使う場合にはメニューNo.230のLog Setup（**写真3-A**）でログの記録方法などを設定しておきます．ログの機能のON/OFFは 1A， 2(TNC) の順に押すことで切り替えることができます．

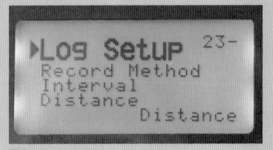

写真3-C　TH-D72のLog Setupメニュー

● ログ・データを電子地図で見る方法

　パソコンとTH-D72を付属のUSBケーブルでつなぎ，MCP-4A[*]（メモリ管理ソフト）でログ・データの吸い出し（**図3-C**）とパソコンへの保存（**図3-D**）を行ってから，地図ソフトで読み込みます（**図3-E**）．

　※MCP-4AはJVC KENWOODのWebサイトでダウンロードできます（無料）．

写真3-D　①MCP-4A導入済みのパソコンに，TH-D72をUSBケーブルでつなぐ

図3-C　②MCP-4AでTH-D72からログ・データを吸い出す

図3-D　③地図ソフトで読み込める型式で保存（型式：Google Earth…KML型式，カシミール3D…GPX型式）

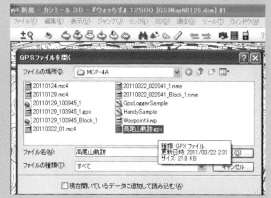

図3-E　④地図ソフトで③で保存したデータを読み込む

● GPSロガー機能の記録可能件数

　TH-D72内蔵のロガー機能は，記録容量5,000件．例えば，50m移動するごとに位置を記録した場合，10km進んでも約5％の使用量です（**写真3-B**）．

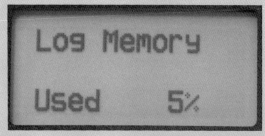

写真3-B　50m進むごとに記録し10km地点で使用メモリ量を確認したところ

第4章

APRSネットワークの
インフラを担う

インフラとはインフラストラクチャー(Infrastructure)の略称で,APRSではAPRSネットワークを支えるサーバ群(CORE
サーバ,TIRE-2サーバ)とI-GATE,デジピータで構成されます.
私たち一般のアマチュア局が担うのはおもに無線回線側のインフラであるI-GATEやデジピータです.本章では
UI-View32でI-GATEを運用するために知っておくべきUI-View32のメニュー内容を設定例で示すとともに,
UI-View32でデジピータを運用する際の設定について解説します.

 4-1 インフラ構築のためのルールと知識

APRSネットワークのインフラとは,一般的にAPRS
ネットワークを支えるサーバ(COREサーバ,TIRE-2
サーバ),I-GATE,デジピータを指します(**図4-1**).

例えば,車があっても道路イン
フラがなければ行きたいところに
そう簡単には行けません.これと
同じで,APRSも道路に相当する
無線やインターネットなどのイン
フラがないと,ここまで楽しく便
利な環境を享受することができな
いばかりでなく,交通ルールを無
視すれば交通が混乱するようにル
ールを無視した運用はデータがう
まく伝送されず混乱します.

今回はインフラについての必要
最低限の知識を得て,I-GATEと
デジピータが構築できるレベルま
で,ソフトウェアへの理解を深め
ることを目標に解説します.

I-GATEとは(Internet GATE・アイゲート)

APRS局同士が直接無線で交信できるのであれば無

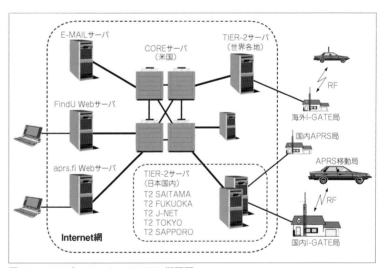

図4-1 APRSネットワーク・インフラの概要図.
CORE(コア)サーバを中心に世界中に子サーバ(TIER-2サーバ)が設置されている

線による情報交換が可能ですが，海外を含むより遠隔地のAPRS局と情報交換をするためには，いったんインターネット経由で米国のCORE（コア）サーバに情報を送り込む必要があります．その役目を果たすのがI-GATEで，無線ネットワークとインターネットとの間でデータをやりとりするゲートウェイ（以下，ゲート）になります．現在は全国各地に多くのI-GATEが設置されており，無線発信されたAPRS情報をインターネット経由でTIER-2サーバを経てCOREサーバに送り込んでおり，また移動局あてにCOREサーバから（TIER-2サーバ経由で）送られてきたメッセージを無線で送信しています．

■ デジピータ，デジピートとは?

デジピータとは，無線で送信されたパケットを中継する局のことです．中継といっても一度受信したデータを受信が完了した後に送信するもので，この動作を「デジピート」といいます．APRSの無線区間（＝RF）では，近傍までしか届かない移動局のビーコンでも，デジピータを利用することにより遠隔地の移動局やI-GATEまで自局の発信したデータを伝達させることができるようになります．

デジピータには比較的狭いエリアをカバーする「Fill-inデジピータ（WIDE1-1）」と，山頂などに設置されている数十km以上をカバーする「WIDEデジピータ（WIDE2-1）」，さらにタイミング（時期，軌道）にもよりますが，宇宙空間の軌道上に超広域な「衛星デジピータ」が航行することもあり，この人工衛星を利用して遠距離無線通信を行うことも可能です（ハンディ機単体でこの衛星デジピータを利用した遠距離APRS通信の多くの実績がある）．

自局が発信したパケットをFill-inデジピータでデジピートさせるには，トランシーバのデジパスという設定項目に「WIDE1-1」を設定します．WIDEデジピータに中継させるには，「WIDE2-1」を指定します．これらは，中継する順番を決めて複数指定することができます．例えば，「WIDE1-1，WIDE2-1」と指定した場合，WIDE1-1の中継したデータをWIDE2-1でさらに中継するという指定になります．指定するデジピータ

数を段やホップ（Hop）と表記することもあります．現在ではほとんどのデジピータが「WIDE1-1」でデジピートしてくれるので，「WIDE1-1，WIDE2-1」や「WIDE2-1」の指定は行いません．

また，地域限定のデジピータを指定してパケットが中継される範囲を限定する「SSn-N」という指定方法もあります．

■ デジピータ，I-GATEの新規構築の必要性

自局がデジピータやI-GATEの運用を行う必要があるかどうかを判断する一つの目安として，自局近傍の移動局が発信したビーコン（ハンディ・トランシーバから発信されたビーコンは除く）が，自局のRFでは受信（ターミナル画面でRFパケットをモニタする）できるが，APRSサーバにはほとんど送られていなかった場合，すなわち Google Maps APRS（http://ja.aprs.fi/）などに表示されない状況の場合，このRFビーコンを受信した場所（自局）近辺ではデジピータやI-GATEを運用すると効果的と判断できます（ビーコンを出すときのデジパスにRFONLYとかNOGATEという記述がある場合を除く）．ぜひがんばって，デジピータもしくはI-GATEを構築してください．

RFで受信できるパケットのほとんどが APRSサーバにも送られている場合は，デジピータ，I-GATEの新規構築の必要はなく，新規構築することはむしろRFネットワークの信頼性を低下させる（＝他局に迷惑をかける）可能性が高いといえます．これはあくまで一つの目安ですが，地域の既存局の状況などもかんがみ，相談しながら置局できれば素晴らしいと思います．

そもそもRFトラフィックがひじょうに少ない地域の場合は，前記内容はあまり気にする必要はないかもしれません．せっかくAPRS局を開局したのに，近傍の空に飛んでいるビーコンが自局のビーコンだけでは寂しすぎるので，APRSのさまざまなRF運用は，その周波数で起こっている事象についてできるだけモニタし，そのときどきの運用内容，方法を判断するのが好ましいと言えます．

普段Google Maps APRSを見ながら移動局の動きを見ている皆さんも，ぜひターミナル画面もご覧くださ

い．アマチュア無線の基本は「ワッチ」であることは
APRSも同様です．きっと新しい発見があると思います．

プライベート・デジピータの運用

　ハンディ機を購入して自宅や自宅周辺でビーコン
を発信しても，5W＋本体ホイップでは最寄りのデジ
ピータやI-GATEまでパケットが届きにくいため，
APRSサーバにデータが届かず，Google Maps APRS
などのAPRSマップ・サイトに自分のシンボル（アイ
コン）が表示されない方もいると思います．

　移動局が発信したビーコンが届く範囲にデジピータ
やI-GATEがない場合，その地域はAPRSネットワー
クの空白地帯といえるので，その場所でデジピータや
I-GATEを運用することはネットワーク補完のために
とても効果があります．ただし，この「移動局が発信
するビーコン」とは，少なくとも20〜50W＋数dBの
モービル・アンテナを搭載した移動局（一般的に自動
車など）を前提としています．

　TH-D72のようなハンディ機と付属のホイップ・ア
ンテナで発信したパケットは，5Wとはいってもアン
テナの輻射効率がとても低いために遠くには届きませ
んし，弱い電波は受信も難しいものです．

　一方，ハンディ機から発信したパケットがどの場

所でもつねにデジピータやI-GATEに届き，また受信
できるようようなRFネットワークを構築するには，
ハンディ機の送受信性能を前提とした相当数のデジ
ピータ，I-GATEを設置する必要があり，現在標準化
されているAPRSのRFネットワーク構築の基準を大
きく変える必要があります．仮に高密度でデジピー
タ，I-GATEを置局できたとしたら，20〜50W＋数dB
の移動局が発信したパケットは相当数のデジピータや
I-GATEに届き，RFトラフィックを圧迫し，快適な通
信ができなくなります．

　どうしても自宅の近所を散歩しているときなどに
TH-D72などのAPRS対応ハンディ機から送信した
情報をAPRSサーバに送りたい場合は，（お勧めす
るわけではないが）自宅周辺でもっぱら個人的に利
用するためのI-GATEをメイン・ストリートである
144.64MHz，144.66MHz以外の別周波数で構築するの
も一案かもしれません．

　ただしこの場合，I-GATEからは自己位置情報（ス
テーション・ビーコン）をインターネット側に発信さ
せないか，発信させる場合はプライベートI-GATEで
あることを明記し，他局が一般のI-GATEと誤解しな
いように配慮する必要があります．

 4-2 UI-View32を使ったI-GATE/デジピータの構築

　I-GATEを運用できるソフトウェアとして最も広く使
われているのがUI-View32です．ここでは，I-GATEの
運用を目標にして，UI-View32についての理解をさら
に深められるように，マニュアル型式で各設定メニュ
ーの紹介とその機能についての説明をつけました（ほ
とんど使わない機能の説明は一部割愛している）．

　まずは，第3章の3-3（p.68）以降の解説を参考にして，
「UI-View32」でAPRS運用ができる基本的なスキルを
得てから，以下の「UI-View32マニュアル」を参照し，
UI-View32の機能を理解すればI-GATEやデジピータ
に必要な知識が身につくはずです．

　特にI-GATEを運用するときに必須となる設定項目

には🅘，デジピータ運用に必須となる項目は✿をつ
けてあります．そのほか，オブジェクト・ビーコンの
発信やメッセージの送受信機能についても理解を深め
ておきましょう．

UI-View32のMain Screen

　まずは，Main Screen（メイン・スクリーン）の表
示内容を説明します．**図4-2**とあわせてご覧ください．
①「Main Screen」上には，受信したAPRS局のシン
ボルやコールサインなどが地図上に表示されています．
② マウスを動かすと，マウス・ポインタの地図上の
座標が下部に表示されます．

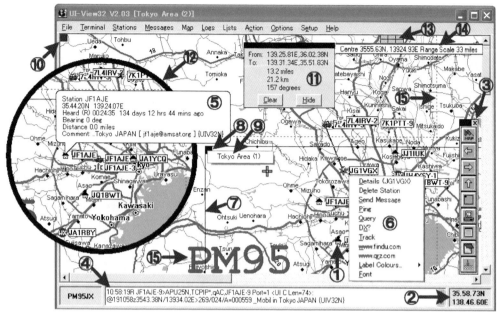

図4-2　Main Screen（メイン・スクリーン）

③　ワンクリックで選択できるメニュー・オプション
が「ToolBar」にあります．

④　スクリーンの一番下に通信内容を表示する2行の
「Monitor Window（モニタ・ウィンドウ）」があります．

⑤　地図の上のシンボルにマウス・ポインタを置くと，
その局が発信している情報が表示されます．ダブルク
リックすると，さらに詳細情報が表示されます．

⑥　地図の上のシンボルを右クリックすると，シンボ
ル局に関するオプション・メニューが表示されます．

⑦　［Options］→［Show Map Outlines］がON のとき
は，インストールされているすべての地図について包
含地域を示す輪郭線が表示されます．

⑧　この輪郭線の左上に「青の正方形マーク」を表示
しています．「Ctrl」を押しながらこのマークをダブ
ルクリックすると，その輪郭を示す地図がロードされ
ます．

⑨　「Ctrl」を押しながら「青の正方形マーク」を右ク
リックすると，その包含地域を含む地図の名前が表示
されます．

⑩　地図画面の左上端に「青い正方形マーク」があ
る場合，「Ctrl」を押しながらこれをダブルクリッ

クすると，今表示されている地図より一段階大きな
地図が表示されます（ズームアウト機能）．「Ctrl＋
PageUp」は同じ機能を提供します．さらに後述する
「ToolBar」の上向き矢印も同様です．

　ここまでを簡単にまとめると，地図上のシンボル
をクリックするとAPRS局の表示に関する機能を提供
し，「Ctrl」を押しながらクリックすると地図の機能
を提供します．

⑪　地図上で，カーソルが十字表示に変わるまでマウ
スの左ボタンを押し続けると，「距離/位置ウィンドウ」
が現われます．そのままマウスの左ボタンを押し続け
ながら地図上の2点間を移動すると，その距離と方位
を確認できます．

⑫　「Shift」を押し続けながらマウスの左ボタンを押し
続けドラッグすると，選択部分の地図を別ウィンドウ
（円/四角）で表示できます．選択範囲の大きさにより，
選択範囲の拡大/縮小表示ができます．

　「Ctrl」を押し続けながらマウスの左ボタンを押し
続けドラッグすると，地図の表示位置を移動できます．

⑬　APRSサーバに接続している場合，「六つの緑の表
示」が地図ウィンドウの最上部に表示されます．この

表示は，I-GATEの動作状況（トラフィック）を示します（詳細はp.122参照）.

⑭ ［Options］→［Show Range Scale］がONに設定されていると，表示中の地図の中心座標と中心から左（右）端までの距離が表示されます.

⑮ ［Options］→［Show Grid Squares］がONに設定されていると，グリッド・スクエア表示が可能です．境界線とグリッド・ロケーター・ナンバーが表示されます.

ToolBar（図4-3）

「ToolBar」の各ボタン（**図4-3**）はメニュー・オプションのショートカットになっています．それぞれのボタンの機能を上から順番に説明します.

【Load A Map】
インストールされているほかの地図を「Main Screen」にロードします.

【Previous Map（左向き矢印）】
直前に表示していた地図を再表示します.

【Next Map（右向き矢印）】
次の地図を表示します.

【Zoom Out（上向き矢印）】
表示中の地図より1段階広域な地図をインストールされている地図から自動で選び出して表示します.

【Show Map Outlines】
インストールされているすべての地図の包含エリアを示す輪郭線が表示されます.

【Terminal】
通信内容を表示する「Terminal Window」を表示します.

【Stations】
受信局リストを表示する「Station List Window」を表示します.

【Messages】
メッセージの送受信に関する情報を表示する「Messages Window」が表示されます.

【Object Editor】

図4-3
ToolBar
（ツールバー）

「オブジェクト・ビーコン」を編集する［Object Editor］が起動します.

【その他】
•上端の青い四角部分をドラッグすることによって，［ToolBar］を移動できます.

•ボタンの上にマウス・カーソルを置くと，「Tooltip（ボタンの説明）」が示されます.

•上端の「×」をクリックすると，「ToolBar」を閉じます．再び表示するためには，［Options］→［Show ToolBar］をONにしてください.

• ［Previous Map］，［Next Map］，［Zoom Out］ボタンは，利用できないときには「グレーアウト」されています.

•「BTNファイル」を作ることによって，指定の地図をロードするためのボタンが「ToolBar」に付加されます（詳細はp.111参照）.

✿ Setup→Digipeater Setup（図4-4）

ここからはUI-View32の基本機能の設定について，第3章の「動かすための最低限の設定」（p.73）で触れなかった項目について解説します.

以下，チェックボックスに"×"が付いている項目はON（有効）であることを意味します.

ツールバーから［Setup］→［Digipeater Setup］を開いてください．UI-View32でAPRS用のデジピータ（UIデジピータ）を運用するときに設定します．デジ

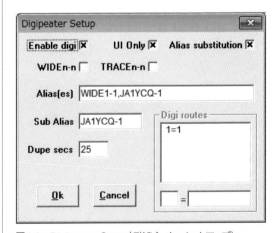

図4-4 Digipeater Setup（デジピータ・セットアップ）

ピータの機能や動作についてよくわからないときは，[Enable digi] はOFFにしておきましょう.

【注意】[Setup] → [Comms Setup] → [Host mode] を「NONE」に設定していると，「Digipeater」機能は使用できません（この設定ウィンドウも開かない）.

【Enable digi】

デジピータ機能自体のON/OFFです.

【UI Only】

UIパケットのみをデジピートするときにONにします〔推奨：ON〕.

コラム4-1　🛈 I-GATE/デジピータのコールサインとシンボル設定

APRS局の送信するビーコンでは，必ず送信局の種別（素性）を明示するためのSYMBOL（シンボル）コードを発信することとなっています.

クライアント・ソフトウェアやAPRS用Webサイトの地図上，もしくはAPRSトランシーバのディスプレイはこのコードを絵柄に変換して地図上に表示します（変換できないものもある）.

このシンボルとSSIDを見ることにより，受信者は容易に発信局の種別を知ることができます. また，あわせて送信されるコメント（ステータス・テキスト）を読むことにより，発信局のさらに詳細な情報を得ることが可能です.

以下にI-GATEとデジピータ，I-GATEとデジピータを共存させている場合のStation Setupの設定例を示します.

特に，コールサイン（Callsign），ビーコン発射間隔（Beacon Interval），シンボル（Symbol），オーバレイ（O'ly）の設定に注目してください.

● 🛠 デジピータ運用の場合

コールサインのSSIDは1200bpsの場合は通常は-1（Fill-in）または-3（広域），9600bpsの場合は-2に設定. シンボルはNo.（ナンバー）Digi，オーバーレイはSに設定

● 🛈 I-GATE運用の場合

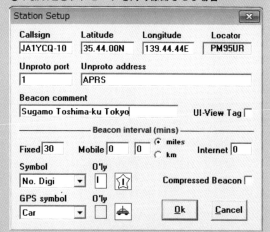

コールサインのSSIDを-10に. シンボルをNo.Diam'd, オーバーレイ（O'ly）にI（アルファベット大文字のI）を設定

● I-GATEとデジピータを同時稼働させる場合

コールサインのSSIDは-10の利用が一般的. シンボルはNo.Digi, オーバーレイをI（アルファベット大文字のI）に設定

【Alias substitution】

ONにすると，自局のデジピータで他局のパケットをデジピート（中継）したとき，デジピートされたパケットのデジパス（中継経路を表す部分）に自局コールサイン（「Sub Alias」に記述したコールサイン）が挿入されます〔推奨：ON〕．

【WIDEn-n】【TRACEn-n】

それぞれのデジピート・アルゴリズムによりデジピート動作を行うか否かを設定する項目です．設定を誤るとRFトラフィックの輻輳を招くので，機能を理解し適正を判断できるようになるまではONにしないでください．自局地域の状況に適合した設定をする必要があります（いまのところ，関東エリアでは設定不要）〔推奨：OFF〕．

【Aliases】

自局でデジピートするパケットのデジパスを指定します．カンマで区切って複数指定可能です．他局のパケットのデジパスに，ここで指定した「Alias」（デジピータ起動文字列）がある場合,中継されます〔推奨：WIDE1-1 または自局のコールサイン〕．

【Sub Alias】

他局パケットの中継を行ったとき，そのパケットのデジパスに挿入するコールサインの指定です〔通常は自局のコールサイン〕．

【Dupe secs】

一度中継したものと同一内容のパケットは，ここで指定した時間内は中継しません〔推奨：20～30秒〕．

【Digi routes】

UI-View32でデュアルポートTNCなどを使い複数のポートを使用しているときの設定です．通常は設定不要です．

Setup→APRS Conpatibility（図4-5）

UI-View32とAPRSプロトコルとの互換性に関する設定です．

【Enable UI-View (32) extensions】

ONにすると，APRSフォーマット（プロトコル）にはないUI-View32独特の機能が有効になります．周囲の多くの局がUI-View32を使用しており,それらの局としか交信しない場合など，APRSフォーマットとの互換性が重要（必要）ではない場合以外は〔UI-View32 extensions〕は有効にすべきではありません〔推奨：OFF〕．

【Unproto address】

APRSフォーマットのメッセージの送出先アドレス．「APRS」，「CQ」，「BEACON」など〔推奨：APRS〕．「UIVIEW」は使わないでください．APRSクライアント・プログラムで認識できません．

【Default message type APRS】

ONにしておくと，これまでメッセージ交換をしたことがない局にメッセージを送るとき，UI-View32は

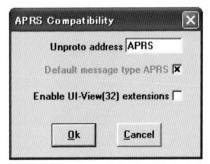

図4-5 APRS Compatibility（APRSコンパチビリティ）

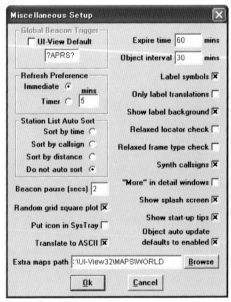

図4-6 Miscellaneous Setup

APRSフォーマットのメッセージを使います．［Enable UI-View（32）extensions］がONのときにのみ設定できます〔推奨：ON〕．

Setup→Miscellaneous Setup（図4-6）

ここでは，UI-View32の動作に関するさまざまな設定を行います．

【Global Beacon Trigger】

［Action］→［Query All Stations］を実行したときに送信される「Message」を定義します．また，自局のUI-View32がこのメッセージを受信したなら，1分以内にその局へ自局ビーコンを送ります．UI-View32の初期値（デフォルト）を選択するか，選択せずにほかのメッセージを入力できます．［APRS Compatibility］の設定では［UI-View32 extensions］をONにしなかった場合，このオプションは無効になり，［Global Beacon Trigger］は「？APRS？」に設定されます．APRSと互換性を保つためには，「？APRS？」を推奨します．

【Refresh Preference】

ここでは，「表示中の局の移動，ビーコン停止，表示継続時間切れ，情報削除」などの場合に，その局の表示をどのタイミングで画面に反映（画面リフレッシュ）させるかを決めます．選択オプションは以下の二つです．

・Immediate

「移動，削除，表示継続時間切れ」の各タイミングでつねに画面をリフレッシュ．これがデフォルトです．多くの局を画面に表示する（CPU負荷が大きい）ことで画面のリフレッシュが目立って遅くならない限り，このデフォルトでよいでしょう．

・Timer（）mins

リフレッシュが必要な状況下では設定した「mins（分）」ごとにリフレッシュします．リフレッシュとリフレッシュの間では，「表示継続時間切れ」の局のシンボルには［×］印が付き，シンボル右側に表示される「Label（コールサイン）」は灰色になります．

【参考】APRS SERVERに接続されている場合は，たとえ「Immediate」を選択したとしても，「Timer」

が使われます．

【Station List Auto Sort】

「Station List」（p.116，**図4-39**）が更新されたとき，どのような方法でそれをソート（並び替え）するかを選択します．APRSサーバに接続している場合は自動ソートは停止します．

・Sort by time

時刻の新しいもの順です．

・Sort by callsign

「Callsigns」のアルファベット順です．

・Sort by distance

自局からの距離順です．

・Do not auto sort

自動整列機能をOFFにします．

【Beacon Pause (secs)】

複数のポートを使用している場合，一つのポートからビーコンを送信した後，異なるポートからビーコンを送信するまでにあける時間を設定します．

【Random grid square plot】

ビーコンに「IARU grid square locator」を使用している局からの信号を受信したときの同一グリッド内でのシンボルの表示方法に関する設定です．使っている局は少ないので，この設定は無視してよいでしょう．

【Put icon in SysTray】

ONにすると，「Main Screen」，「Message Window」を最小化したときにそれらはWindowsの「System Tray」でアイコンとして表示されます．

【Expire time ××mins】

図4-7　Expire

ある局のビーコンが最後に受信されてから，ここで設定した時間（単位：分）の間，その局のシンボルが画面に表示されています．この時間を経過した後もその局からのビーコンを新たに受信しなかった場合，「表示時間切れ」となり，その局のシンボルには［×］印が付き，シンボル右側に表示される「Label（コールサイン）」は灰色になります（**図4-7**）．その後「画面

リフレッシュ」のタイミングで消去されます．デフォルトは60分です．もし一度受信した局をずっと継続して表示しておきたい場合は，「0」を設定してください〔推奨：60分〕．

【Object interval ××mins】

自局が作ったすべてのオブジェクトの送信インターバル（単位：分）の設定です〔推奨：30分〕．

【Label symbols】

ONにすると，ビーコンが地図に表示されるときにシンボル（地図上の局やオブジェクトの位置を示す家や車などの絵柄）の右にラベル（コールサインなどの文字表示欄）を表示します〔推奨：ON〕．

【Show label background】

ONの場合，地図に表示されるラベルが「Background（四角い色付きの枠）」で囲まれ表示されます〔推奨：ON〕．

【Synth callsigns】

ONにすると，UI-View32は「UI-View32￥WAVBITS」サブフォルダにあるWAVファイルを使用して，ビーコン受信時に発信局のコールサインのアナウンスを行います．「MS Agent」を利用する場合はOFFでかまいません．

【"More" in detail windows】

ONにすると，「Station List」のコールサインもしくは地図上のシンボルをダブルクリックして局の情報を見るときに詳細情報が合わせて表示されます〔推奨：ON〕．

【Show splash screen】

UI-View32を起動するとき，Splash screen（起動時

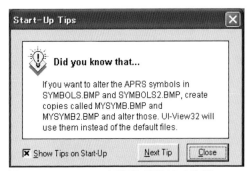

図4-8 Start-up tips, 起動時に表示されるガイド

のイメージ）を表示するか否かの選択です．

【Show start-up tips】（図4-8）

UI-View32を起動するとき，"Start-up tips"（UI-View32機能，設定などの簡単なガイド）を表示するか否かの選択です．

【Object auto update defaults to enabled】

「Object Editor」での「Auto update object posit（オブジェクト位置自動更新）」機能をデフォルトでONになるように設定します〔推奨：ON〕．

【Extra Maps path】

地図サブフォルダ（￥UI-View32￥MAPS）のほかに，地図データを格納してあるフォルダを指定できます．これによりCD-ROM上の地図をUI-View32から呼び出すことも可能になります（現時点ではプロアトラスなどのCD，DVDは使用できない）．

❶ Setup→APRS Server Setup（図4-9）

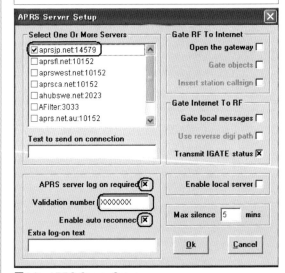

図4-9 APRS Server Setup

【Select One or More Servers】

接続したいAPRSサーバを選択（複数可）します．チェックしたAPRSサーバは自動的にリストの先頭に移動します．推奨設定は「japan.aprs2.net:14579」ですが，インストール直後は選択肢の中にそれがないので追加した後に選択します．

「Main Screen」→〔Action menu〕の〔Connect To

APRS Server］を実行したとき，ここで選択した
APRSサーバに接続されます．選択された複数の
APRSサーバをUI-View32がどのように選択するかは，
選択したサーバの数によります．

・**一つのAPRSサーバのみONにした場合**…常にその
サーバに接続します．もし接続に失敗した場合，そし
て［Enable auto reconnect］（自動再接続）がONに
設定されている場合，UI-View32は同じAPRS サーバ
に再接続を試みます．

・**二つのAPRSサーバを選択した場合**…最初に選択した
APRSサーバが最初に接続を試みるAPRS サーバです．
もしこれへの接続に失敗した場合で，［Enable auto
reconnect］がONの場合，2番目のAPRSサーバへの接
続を試みます．

・**三つ以上のAPRS SERVERをONした場合**…APRS
サーバはランダムに選択されます．

・**APRSサーバの追加**

　リストにAPRSサーバを追加するには，リスト上
で一旦クリックしてからキーボードの「Insert」キー
を押して，新しいAPRSサーバ名を入力，「Enter」
を押してください．入力フォーマットは，「host_
name:port」で推奨値「japan.aprs2.net:14579」です．
APRSサーバ名にコメントを付加したい場合は，コロ
ン“：”の後にコメントを追加してください．
（例）「japan.aprs2.net:14579：Japan Only Port」

・**APRSサーバの削除**

　APRSサーバをリストから削除するには，リストで
そのAPRSサーバを選択してから「Delete」キーを押
してください．APRSサーバ・リストの順番は，マウ
スのドラッグで設定可能ですが，選択されたAPRS サ
ーバはつねに最上位に移動します．

・**その他の機能・情報**

　リスト全体を最新のリストあるいはサーバで置き
換えたい場合，「File」の「Download APRS Server
List」ユティリティーを，その説明（ヘルプ）を理解
した後に使用してください．

　デフォルトでリストにある次のサーバは特別なサー
バ「AFilter:3033」です．これはKC9XGの「AFilter」
プログラムです．このサーバを利用する場合は，あ

らかじめ「AFilter」がインストールされ，稼動して
いなければなりません．このサーバ・アドレスはUI-
View32によって自動的にlocalhost：3033に変換され
ます．

　多くのAPRSサーバは複数のポートをもち，ポート
ごとに異なったデータを提供しています．デフォルト・
サーバとしてリストに掲載されているポートは，「無蓄
積，全世界」のデータ提供を行っているものです．ま
た多くのAPRSサーバは，そのAPRSサーバについて
の利用可能なポートなどに関する情報を，APRS サー
バ名に関連付けられたWebサイトで提供しています．

　例えば「japan.aprs2.net」についての情報は「http://
japan.aprs2.net:14501」の中で確認できます（たまに
APRSサーバ名と関連がないWebサイトでの提供もあ
ります）．

　APRSサーバ接続に失敗し，接続エラーが出た場合，
別のAPRSサーバを選択してみてください．

【Text to send on connection】

　APRSサーバに接続するときにAPRSサーバに送り
たいコマンドがある場合，ここに記述します．これは，
Proxyなどを使用する場合に利用するので，通常は空
欄のままでOKです．

【APRS server log on required】

　ONにするとAPRSサーバ接続時「Validation
number」による認証が行われ，APRSサーバを利用
したメッセージ交換ができるようになります．接続し
ようとしているサーバが「Local Server（ローカル・
サーバ）」の場合は，OFFです〔通常：ON〕．

【Validation number】

　APRSサーバを利用してメッセージを送信する場合
に必要な認証番号です．UI-View32のセットアップ前

に入手した「APRS Server Validation Number」を正確に入力してください（p.70参照）．認証を行わずに「APRSサーバ」に接続した場合，APRSサーバ経由でのメッセージ交換やI-GATE運用は正常にできません．なお，UI-View32が次の（**a**），（**b**）の場合，このオプションは入力できません．

（**a**）「APRS Server logon required」がチェックされていない

（**b**）UI-View32が登録されていない

【Enable auto reconnect】

ONにすると，UI-View32のAPRSサーバへの接続が切れた場合に，自動再接続を試みます〔推奨：ON〕．手動で接続のキャンセルなどを行った場合は再接続は行いません．

【Extra log on text】

ここに記述された内容は，サーバ接続時にAPRSサーバへ送られます．「Filter機能」（コラム4-3『Filter機能について』参照）をサポートしているAPRSサーバへ，ユーザーが定義した「Filterコマンド」を送る場合などに使用します．

【⬆Gate RF To Internet】

ここでは「RF→APRSサーバ」向けのI-GATE機能の基本設定を行います．詳細設定は，「Main Screen」→[File]→[Edit IGATE.INI]で行います．I-GATE機能をよく理解したのち，自局周辺地域RFトラフィック状況を把握してから設定してください．それまではOFFを推奨します．

・**Open the gateway**

コラム4-3　　「Filter機能」について

APRSクライアント・ソフトウェア（UI-View32など）をAPRSサーバに接続してデータを受信する際，何の制限（Filter）もかけずに受信すると，世界中のデータが500情報/分以上の量でAPRSサーバから送られてきます．最新の高機能パソコンであればそれらの処理に関する問題はないようですが，少し前のパソコンですと処理が追いつかず，パソコンが固まってしまいます（高性能なパソコンでも音声合成による出力はこのデータに追従できない）．一般的な運用では，これらの情報の中から自局の好み，目的に応じて情報を取捨選択して受信します．このために用意されているのが，APRSサーバの「Filter」機能です．

APRSクライアント・ソフトウェアからAPRSサーバに「Filterコマンド」を送ることによって，APRSサーバは選別したデータのみをその局に送るようになります．UI-View32は，「Main Screen」→[Setup]→[APRS Server Setup]の[Extra log on text]にコマンドを記述すると，APRSサーバに接続（ログオン）するときにこの「Filterコマンド」をAPR-ISへ自動的に送信することができます．

フィルタ機能が利用できるAPRSサーバのポートは，通常「14580」のポートです（「japan.aprs2.net:14580」など）．

コマンドは10種類ありますが，以下に代表的なものを例示します．

・**レンジ指定（r/）**

例：filter r/34.5/140.5/1400

北緯34.5度，東経140.5度を中心として半径1400kmの円の中を指定します．

・**エリア指定（a/）**

例：filter a/46/12/29/50

四角で囲まれたエリアを指定します．

「a/」につづき，エリアの左上緯度，経度，右下緯度，経度の座標を記述．

・**コールサイン指定（p/）**

例：filter p/J/7L/JA1RBY

コールサインを指定して受信します．「J」は，「J」で始まるコールサイン．「JA1RBY」は「JA1RBY」のすべてのSSIDを含む情報を受信．

・**情報種類指定（t/）**

例：filter t/p/o/m/w

ビーコンの種類を指定します．

p：位置座標を含むビーコン

o：オブジェクトビーコン

m：メッセージ

w：気象情報ビーコン

・**自局周辺指定（m/）**

「filter m/150」

自局から150km以内の局を受信．

次のURLを見ると，各局が指定しているコマンドを確認することができます（http://japan.aprs2.net:14501/）．また，このAPRSサーバの「ポート14579」は，あらかじめ「filter a/36/129/30/142 a/46/136/36/147」（日本地域）が機能しており，制限されたデータのみが提供されている便利なポートです．

ONにすると，すべてのRFポート（TNC，AGWPEなど）で受信できたAPRS信号をAPRSサーバへ送ります（＝ゲートします）．

・Gate objects

ONにすると，オブジェクト・ビーコンもゲートします．

・Insert station callsign

ONにすると，ゲートしたパケットのデジパスに自局のコールサインを挿入します．どのI-GATEがゲートしたパケットかが受信局側でわかるようになります〔推奨：ON〕．

【❶Gate Internet to RF】

ここでは，「APRSサーバ→RF」向けのI-GATE機能のうち，メッセージ・データのゲートウェイに関する設定を行います．I-GATE機能をよく理解したのち，自局周辺地域のAPRS局の運用状況を把握してから設定してください．それまではOFFを推奨します．

・Gate local Messages

ONにすると，UI-View32によって自局の「ローカル局」と認識された局あてのAPRSサーバからのメッセージ・データをRFで送信します．ここでいうローカル局とは，I-GATEが，RFで直接受信した局です．〔File〕→〔Edit IGATE.INI〕のSetupタブにあるMax digis for localの設定で，経由してきたデジピータの局数（段数やホップ数という）に応じてローカル局として認識するかどうか決めることができます（詳細はp.120参照）．また，ローカル局として認識された局はShow IGATE Trafficウィンドウ（詳細はp.106参照）にリストアップされます．ここをONにしないとI-GATEユーザーにメッセージが届きません〔推奨：ON〕．

・Use reverse digi path

ONにするとローカル局のためにAPRSサーバからRFへゲートするメッセージ・データは，そのローカル局がRF送信した信号をI-GATEが最後に受信したときに利用していたデジパス（伝送経路）の逆のデジパスを指定してI-GATEから送信されます．選択しない場合は，RFポートのデフォルト・パスが指定されます．もし近辺の多くのデジピータ局が〔Alias substitution〕をサポートしている（ONにしている）

場合，この選択をONにして実験する価値が大きいでしょう〔推奨：ON〕．

「Alias substitution」とは，例えばFill-inデジ局においてデジピートしたパケットの「WIDE1-1」と記述されているところを，そのデジピータ局のコールに書き替える機能です．

・Transmit IGATE Status

ONにすると，UI-View32がAPRSサーバに接続していてかつI-GATEを運用している場合，I-GATEのゲート実績の内容をビーコンとして送信します．接続しているサーバが自局のLAN上のローカル・システム（＝ローカルAPRSサーバ）なら，このオプションはOFFにします．

【Enable local server】

自局のUI-View32を同一LAN上のほかのUI-View32のためのローカルAPRSサーバとして稼動させたい場合，このオプションをONにしてください．

【Max silence ××mins】

UI-View32がAPRSサーバに接続しているとき，ここで指定した時間内に何もデータを受信しなかった場合，それはAPRSサーバあるいはUI-View32のインターネット接続に問題が発生したと判断して強制的に接続を切ります．

自局が〔Enable auto reconnect〕をONにしている場合はこの強制接続断の後，再接続を試みます．「0」の入力は，この機能のOFFを意味します〔推奨：5分〕．さらなるI-GATEに関する設定は，「GATE.INI」ファイルを編集することで可能です．

Setup→MS Agent Setup（図4-10）

UI-View32はMS Agentによってコールサインやメッセージを音声合成で読み上げる機能をサポートします．また，キャラクタのアニメーションも表示されて，愛嬌のある動きをします．この機能を使うには，別途MS Agentをパソコンにインストールしなくてはなりません．MS AgentはWindows 7以降に対応せず，Windows XPまでの対応です〔「MS Agent」のダウンロード（http://www.microsoft.com/products/msagent/main.aspx）〕．

図4-10 MS Agent Setupメニュー

Setup→Exclude/Include Lists（図4-11）

「APRSサーバやRF」から受信した各種パケット（データ）を，ここで設定した条件で「Main Screen」，「Station List」に表示する/表示しない（除外）を制御する機能です.

除外する局の指定方法としては，「コールサイン，ワイルドカードを含むコールサイン」，「ディスティネーション・アドレス」，「ビーコン・タイプ」，「シンボル・タイプ」など多彩です.

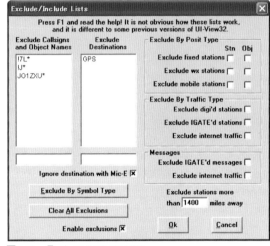

図4-11 Exclude/Include Lists

コラム4-4 UI-View32のヘルプ・ファイルが読めない場合は?

UI-View32はWindowsであれば動作しますが，Windows Vista以降はヘルプ・ファイルが読めなかったりMS Agentを利用する機能が動作しません.

Windows Vista以降のWindowsでヘルプが表示されない件についてはMicrosoft社のWebサイトからWinHlp32.exeをダウンロード（将来リンクが切れる可能性あり）してインストールすると解決できます. 以下の**図4-A**，**図4-B**にWindows 7の場合の解決方法を例示します.

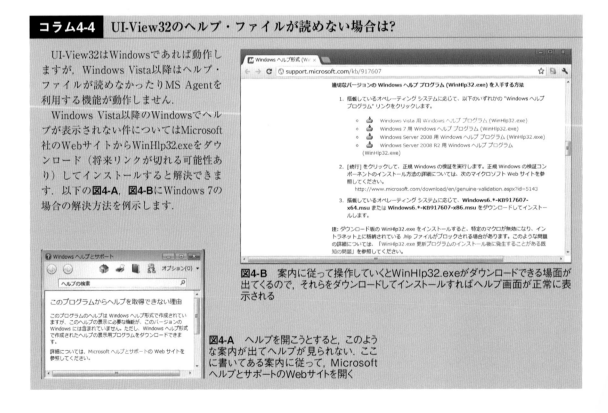

図4-B 案内に従って操作していくとWinHlp32.exeがダウンロードできる場面が出てくるので，それらをダウンロードしてインストールすればヘルプ画面が正常に表示される

図4-A ヘルプを開こうとすると，このような案内が出てヘルプが見られない. ここに書いてある案内に従って，MicrosoftヘルプとサポートのWebサイトを開く

この機能によってAPRS局の「Station Lists」への表示を除外しても，それらは「局ビーコン」と「オブジェクト・ビーコン」に対して機能するだけで，「Message traffic（メッセージのやり取りのためのパケット）」には作用しません．つまり，除外している局からのメッセージは受信することができるということです．

【Exclude Callsigns and Object Names】
【Exclude Destinations】

除外したい「コールサイン」，「オブジェクト名」，「ディスティネーション・アドレス」を下段にあるボックスに記入し「Enter」キーを押すと，リストに登録されます．また，リストの中の項目を選択して「Delete」キーを押すと，リストから削除できます．リスト中の項目をダブルクリックすると，それは下段の入力ボックスへ移動し，編集が可能です．いずれの指定内容にも「＊」をワイルドカードとして使用できます．

例えば，「J＊」とすると，先頭が「J」で始まるすべての「コールサイン」，「オブジェクト名」，「ディスティネーション・アドレス」を除外指定でき，さらに「！」を前置すると，このリストを［include（表示させたい局）］の指定（除外の反対）として使うこともできます．

例えば，「！J＊」とすると，先頭が「J」で始まるすべての「コールサイン」，「オブジェクト名」，「ディスティネーション・アドレス」の表示を許可することとなります．

【Exclude By Symbol Type】

シンボル・タイプによる除外です．このボタンをクリックすると，APRSシンボルのダイアログ（**図4-12**）により除外内容（シンボル・タイプ）を指定できます．

【Clear All Exclusions】

設定したすべての内容を消去します．

【Enable Exclusions】

ここをONすると，設定した除外指定が有効になります．

【Exclude By Posit Type】

局種別による除外です．

・**Exclude fixed stations**…固定局を除外します．

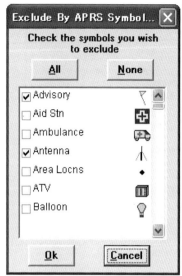

図4-12　Exclude By Symbol Type

・**Exclude wx stations**…気象局を除外します．

・**Exclude mobile stations**…移動局を除外します（移動局とは，ビーコン・データの中に速度や進行方向のデータが含まれている局）．

【Exclude By Traffic Type】

［Traffic Type］以下の条件によって，除外指定を設定します．

・**Exclude digi'd Stations**…デジピータを経由してきたRFビーコンを除外します．同時にI-GATEされたビーコンも除外されます．

・**Exclude IGATE'd Stations**…I-GATEにより，APRSサーバからRFにゲートされた局を除外します．

・**Exclude internet traffic**…APRSサーバから受信したビーコンを除外します．

【Messages】

メッセージの除外も可能です．

・**Exclude IGATE'd Messages**

I-GATEによってAPRSサーバからRFに送信されたメッセージを除外します．ただし，自局あてのメッセージは除外されません．

・**Exclude internet traffic**

APRSサーバから受信されたメッセージを除外します．ただし，自局あてのメッセージは除外されません．

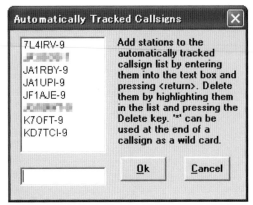

図4-13 Auto-Track List

【Exclude Stations more than ［miles］ away】

　距離を指定することにより，指定距離より遠方の局を除外します．ローカル（日本だけなど）だけのビーコンを見たい場合に役に立ちます．

Setup→Auto-Track List（図4-13）

　このダイアログにコールサインを指定しておくと，指定した局のビーコンを受信したときに自動的にその局を含む最小縮尺の地図をロードし，シンボル，ラベルを表示します．移動局を指定すると，その移動局のビーコンを受信するたびに最適な地図上にその局のシンボル，ラベルを表示します．なじみの局を登録しておくとよいでしょう．

　「＊」をワイルド・カードとして使用できます．例えば「JF1AJE＊」では，「JF1AJE」のすべてのSSID（JF1AJE，JF1AJE-3，JF1AJE-9など）でこの機能が働きます．

Setup→Colours

　「Monitor画面」の背景色，文字色およびグリッド・スクエア（グリッド・ロケーター）の表示色を指定できます．使用する地図などの事情で見づらい場合に変更するとより分かりやすくなります．

Options（図4-14）

　「Options」ではほとんどの項目がその機能のON/OFFを選択するような形式になっています．おもな

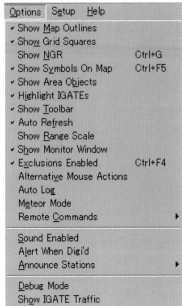

図4-14 Options

機能の解説をします．

【Show Map Outlines】

　ONにすると，UI-View32にインストールされているすべての地図の包含地域を示す輪郭線が表示されます．この輪郭線の左上に「青の正方形マーク」を表示しています．「Ctrl」を押しながらこのマークをダブルクリックすると，その輪郭を示す地図がロードされます．「Ctrl」を押しながら「青の正方形マーク」を右クリックすると地図の名前を表示します．

　地図画面の左上端に青い正方形マークがある場合，「Ctrl」を押しながらこれをダブルクリックすると，今表示されている地図より一段階広範囲な地図を表示します（ズームアウト）．Ctrl＋PageUpキーでも同じ機能を提供します．

【Show Grid Squares】

　地図上にグリッド・スクエアの格子線と，グリッド・スクエア番号が表示されます．

【Show Symbols On Map】

　ONにするとシンボルとラベルを「Main Screen」の地図上に表示します〔推奨：ON〕．

【Show Area Objects】

　ONにすると，オブジェクトを「Main Screen」の

地図上に表示します〔推奨：ON〕.

【Highlight IGATEs】（図4-15）

I-GATEのシンボルを「青い正方形」で囲みます. 近傍のI-GATEを容易に認識することができるようになります.

図4-15
Highlight IGATEs

【Show Toolbar】

「ToolBar（ツールバー）」を表示します.

【Auto Refresh】

ONにすると, 地図画面は「Main Screen」→[Setup]→[Miscellaneous Setup]→[Auto Refresh Mode]で定義された内容でリフレッシュ（描画が更新）されます. 移動局の移動状況を描画したい場合や, パソコンから離れているときの描画状況を戻ったときに確認したい場合などはこれを「OFF」にすると, 一度描画された内容が更新されずに画面上に描画され続け, 後で確認することが可能になります. ただし, 地図を切り替えたり, シンボルの表示方法（色など）を変更した場合には, 必ず画面がリフレッシュされます.

【Show Range Scale】

地図の右上端に, 表示中の地図の中心座標と, 中心から右（左）端までの距離が表示されます.

【Show Monitor Window】

「Main Screen」の一番下に2行の「Monitor Window（通信モニタ画面）」が開きます. この画面にはUI-View32が認識したすべての通信データが表示されます.「Ctrl＋Z」もしくは「Monitor Window」のダブルクリックで,「Monitor Window」を拡大することができます.「Monitor Window」拡大中はウィンドウの右上のボタンで以下の操作が可能です.

・**Freeze**…現在の表示内容で固定されます.

・**Search**…任意のテキストの検索ができます.

・**Shrink**…2行表示に戻します.

【Exclusions Enabled】

[Exclude/Include Lists]で定義した表示除外機能を有効にします.

【Alternative Mouse Action】

ONにすると, 地図画面に対するマウスの操作が以下のように変更されます. 自局の使いやすい方を選択してください.

・**2点間距離測定の操作方法**

左ボタンを押し続けながら2点間を移動→「Shift」キーと左マウス・ボタンを押し続けながら2点間を移動.

・**特定エリアの拡大/縮小表示の操作方法**

「Shift」キーとマウスの左ボタンを押し続けながらマウスをドラッグ→マウスの左ボタンを押し続けながらマウスをドラッグ.

・**地図表示位置移動の操作方法**

「Ctrl」キーとマウスの左ボタンを押し続けながらマウスをドラッグ→マウスの右ボタンを押し続けながらマウスをドラッグ.

【Auto Log】

ONにすると, UI-View32起動時に自動的に通信ログの記録を開始します. 記録されたログ・ファイルは,「UI-VEW32 ¥LOGS」のフォルダに保存されます. また, 日付が変わると, それまでのログは自動保存され, それ以降は新しいファイルに自動的に保存されます.

【Sound Enabled】

ONにすると, UI-View32から出力されるビープ音や,「MS Agent」による音声合成出力を有効にします.「MS Agent」を使う場合のみONにするとよいでしょう〔推奨：OFF〕.

【注意】パソコンのサウンド・カードでTNCの機能を実現したAGWPEを使用している場合は, OFFにしないと動作が不安定になります.

【Alert When digi'd】

ONにすると, 自局が発信（無線）したパケットがデジピータでデジピートされ, その信号が自局で受信できたときに音響鳴動（UI-VIEW32 ¥digid.wav）で通知されます.

【Announce Stations】

・**Every Time**

UI-View32から発信されたビーコンを受信するごとに毎回コールサインを音声で出力します.

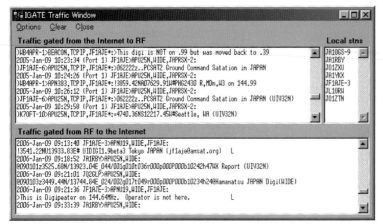

図4-16 Show IGATE Traffic

・**First Time Only**

初回のみ音声を出力します．こちらを選択すると，「Station List」にない局のビーコン受信時のみ音声が出力されます．

コールサインを音声出力するか否かの設定は，「Main Screen」→［Setup］→［Miscellaneous Setup］→［Synth callsigns］の設定によります．MS Agentがインストールされている場合は，そちらが優先され，［Synth callsigns］の設定は無関係となります．

「MS Agent」がインストールされておらず，かつ［Synth callsigns］がOFFの場合は，ビーコン受信時に音を鳴らすことができます（ビーコン受信時のWAVファイルは UI-View32 ¥Default.wav）．

【⊕Show IGATE Traffic】（図4-16）

ONにすると，自局のI-GATEを通過したすべてのトラフィックを履歴表示する窓が開き，モニタできます．I-GATE運用に特に役立ちます．

Action（図4-17）

APRSサーバへの接続指示やビーコンの強制送信など，よく使う機能が集約されているメニュー項目です．

【Refresh Map】

この選択は地図表示内容を最新の状態にします．灰色のラベルで表示されている移動軌跡や自局位置はすべて消去されます．「Main Screen」→［Options］→［Auto Refresh］をOFFにしている場合

や，「Main Screen」→［Setup］→［Miscellaneous Setup］で［Auto Refresh Mode］を「Timer」設定している場合に効果的な機能です．

【Send Beacon】

これを選択すると，「自局ビーコン」を直ちに発信します．F9キーを押しても同様です．

【Delete All Stations】

これを選択すると，UI-View32が表示のために記録しているすべての「Stations and Objectsデータ」を消去することができます（ログに記録されているものは消去されない）．「Ctrl」を押しながら「Station List」の「Delete」ボタンをクリックしても同様です．

【Query All Stations】

ここを選択すると，ビーコンを送信可能な状態の世界中のUI-View32を使用している局は，この「Query（ビーコン要求信号）」を受信してから1分以内にビーコンを返信してきます．

【注意】極めて多くのトラフィックを生成するので，使用しないでください（筆者は恐ろしくてこれまで一度も試したことはない）．

【Query WX Stations】

ここを選択すると，世界中のAPRS仕様互換のWX局に対して「WX Query（WXビーコン要求信号）」

| Action | Options | Setup | Help |

Refresh Map　　　　　　　F4
Send Beacon　　　　　　 F9
Zoom Monitor　　　　　 Ctrl+Z
Delete All Stations
Overlays...　　　　　　　　▶
Object Editor　　　　　　F5
Query All Stations　　　 F11
Query WX Stations
Query IGATEs
Send Objects
Show GPS Input
Statistics
Connect To APRS Server
Tile Windows

図4-17 Action

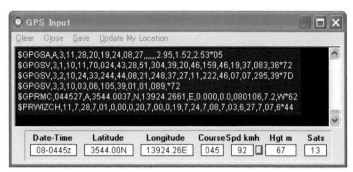

図4-18　Show GPS Input

の信号を発信します．この信号を受信した世界中の
WX局は，「WX Query（WXビーコン要求信号）」を
受信してから1～2分以内にビーコンを返信してきます
（前項同様，試したことはない）．

【Query IGATEs】

　ここを選択すると，世界中のAPRS仕様に準拠した
I-GATEに対して「I-GATE Query（「I-GATEビーコ
ン要求信号）」の信号を発信します．この信号を受信
した世界中のI-GATEは，「I-GATE Query（WXビー
コン要求信号）」を受信してから1～2分以内にビーコ
ンを返信してきます（前項同様，試したことはない）．

【Show GPS Input】（図4-18）

　ここを選択すると，GPS受信機から得た生データ
とその内容を別ウィンドウで表示します．ただし，

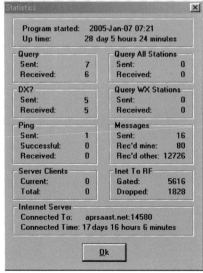

図4-19
Statistics

「Main Screen」→[Setup]→[GPS
Setup]の[GPS Enabled]がONの
ときに限り表示します．無論，GPS
受信機から有効なデータを受信してい
るときのみ，そのデータを表示できま
す．Spd（スピード）が表示されてい
る部分の右側の小さなボタンを押す
ごとに，速度，高度の単位が「knots，
mph，kmh」に切り替わります．

【Statistics】（図4-19）

　ここを選択すると，各種Queryの送受信回数，メッ
セージ送受信回数，APRSサーバ→RFのI-GATE数，
接続しているAPRSサーバや接続経過時間などを表示
します．

【Connect To（Disconnect From）APRS Server】

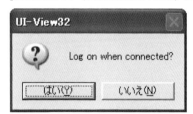

図4-20　APRSサーバ接続時の問い

　APRSサーバに接続するには，[Connect To APRS
Server]を選択してください．接続を切るときは，
[Disconnect From APRS Server]を選択します．

　「Main Screen」→[Setup]→[APRS Server Setup]
で[APRS server log on required]をONにしてい
る場合は，APRSサーバに接続しようとしたとき，
ログオン（認証）を望むかどうか聞いてきます（**図
4-20**）．ここで「いいえ」を選ぶと，APRSサーバへ
の接続は行われますが，ログオン（認証）しないた
め，APRSサーバとのデータの送受信はできなくなり
ます．

　通常は「はい」を選択します（I-GATEの場合は
必ず）．すると「Main Screen」→[Setup]→[Station
Setup]で設定した自局コールサインと「APRS
server Validation Number」を用いてAPRSサーバに
ログオン（認証）し，自局の「Station beacon」が[Station
Setup]で指定された間隔でAPRSサーバに送られ，

また「Message Window」で［Port］に"I"（1ではなくI）を指定することによりAPRSサーバ経由で他局にメッセージを送ることもできるようになります．さらにI-GATE機能をONにすることで，自局はI-GATEとして機能します．

【Tile Windows】

表示中の各ウィンドウをタイル表示にするオプションです．

【Object Editor】（図4-21）

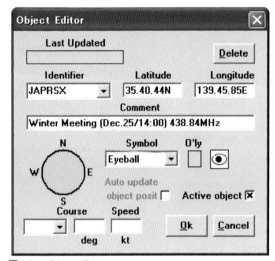

図4-21　Object Editor

「Object Editor」では「Object（オブジェクト）」の作成，編集，削除が可能です．新たな「Object」を作成するときは，「Object」を表示したい地図上の位置でマウスの左ボタンをクリックすると座標を自動取得するので，それから［Edit Object］を開いてください．各項目には次のような情報を入力します．

【Identifier】

オブジェクトの名前（半角英数字で最大9文字），グループ名やイベント名などを入力します．アルファベットの小文字と大文字は区別されます．

将来開局しそうな局のコールサインを「Identifier」として「Object」を送信している局を見かけますが，その場合は必ず本人の許可を得てください．局座標も個人の情報です．

【Latitude and Longitude】

オブジェクトの座標．「Object Editor」を開く前に地図上で右クリックしてあれば，その座標が入力されています．もちろん変更も可能です．

【Comment】

最大40文字の任意のコメントを入力できます．

【Symbol】

オブジェクトとして地図に表示されるシンボルを選択します．

【O'ly】（図4-22）

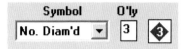

図4-22　O'ly Character（オーバーレイ・キャラクタ）

「Overlay Character（シンボルに付加する文字）」の入力．シンボルのおよそ2分の1が「Overlay Character」に対応しています．「Overlay Character」とは，シンボルの中に任意の文字を表示させる機能です．「Overlay Character」にはおもに「Object」の順番を示す数字などを入力します　図4-22は，「Diamondシンボル」の中にオーバーレイ文字として「3」を指定したものです．

【Course】

オブジェクトが移動体の場合，移動方向を入力します．方位計が表示されていますが，その方位計の部分をクリックすることによっても移動方位を入力できます．

【Speed】

オブジェクトが移動体の場合，移動速度を入力します．UI-View32の作者の都合からか，単位は「knots（ノット）」になっています．

【Auto update Object posit】

オブジェクトが移動体の場合で移動方向や速度が入力されている場合に有効な設定で，設定した移動方向と速度でオブジェクトが自動的に移動し，地図上に表示（ビーコン送信）されます．「Main Screen」→［Setup］→［Miscellaneous Setup］の［Object auto update defaults to Enabled］をONにしておくと，デフォルトで［Auto update Object posit］の機能が働きます．

【Active Object】

設定したオブジェクトを有効にし，「オブジェクト・ビーコン」として送信します．最後に「OK」を押すことにより，設定のすべてが有効になります．地図上に表示されている「オブジェクト・シンボル」を右クリックするとメニューがポップアップします．そのメニューからもオブジェクトの消去，編集，Track（追跡）などができます．

Lists（図4-23）

受信したビーコンのリストを表示します．ウィンドウの下段にある各ボタンの機能は，p.116「Stations」の説明を参照ください．現在使われていない項目の説明は省略します．

図4-23　Lists

【Fixed Stations】

固定局の一覧を表示します．

【WX Stations】

気象局の一覧を表示します．

【Mobile Stations】（図4-24）

移動局の一覧を表示します．

【UI-View Stations】

UI-View32を使用している局の一覧を表示します．

【Direct Stations】

RFで直接受信した（中継されていない）局の一覧を表示します．

【Tracked Stations】

移動状況を追跡中の局の一覧を表示します．

【IGATE Stations】

I-GATEを運用中の局の一覧を表示します．

【Object And Items】

「Object And Items」の一覧を表示．上記のうちで「Tracked Stations」以外では，「Auto Refresh（自動更新）」されないので，リストの内容を確認する前に一覧表の最下段にある「Refresh」ボタンを押します．

【Sort Lists】

リストの表示をコールサイン順に整列させます．

Logs

受信したデータの記録のON/OFFや表示を行う機能がこのメニューの中に集約されています．

【Start Logging】（図4-25）

選択すると，UI-View32の通信フォーマットで，通信の記録を開始します．このとき，既存のログ・ファイル名で記録するか，新規ファイル名で記録するかを問われます．デフォルトは，その日の日付けになります．既存ファイルを選択した場合には，上書きするのか，追加書き込みするのかを聞いてきます．ここで作成されたログ・ファイルは，UI-View32で再生が可能な形式で「¥UI-View32¥LOGS」フォルダに保存されます．

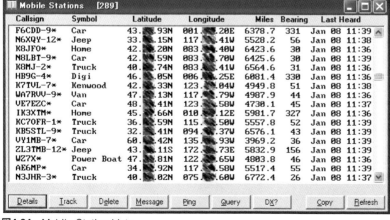

図4-24　Mobile Station Lists

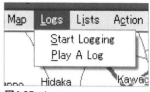

図4-25　Logs

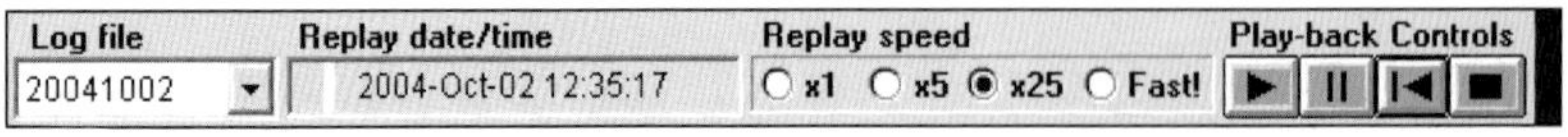

Log file
20041002
Replay date/time
2004-Oct-02 12:35:17
Replay speed
x1 x5 x25 Fast!
Play-back Controls

図4-26　Play A Log

【Play A Log】（**図4-26**）

記録されているログ・ファイルを再生することができます．

・Log file

ドロップダウン・リストから再生したいファイルを選択します．

・Replay speed

再生スピードを可変できます．

・Play-back Controls

再生，一時停止，先頭復帰などの制御を選択できます．停止ボタンでこの「Bar」を閉じます．ログ・ファイル再生中は，再生しているビーコンを発信した日付け/時間が「Replay date/time」欄に表示されます．

・再生ポイント選択

「Replay date/time」欄の中の「垂直の白いライン」は，再生中のログ・ファイルの再生ポイントを示しています．この線をドラッグすることで，再生ポイントを任意に変更できます．

Select A Map
Map Description
_All JAPAN_Satellite view　45.19.88N,128.4
_JF1AJE HOME_20000　35.44.90N,139
_KANAGAWA_500000　35.37.67N,138
_KANTOU_1500000　138.25.99E,36.1
_Zenrin_ALL JAPAN　46.24.24N,127.4
Boston　53.1.4N,0.12.0W　0.2.4
Europe　26.16.8W,69.2.2N　41.
Great Britain　9.47.2W,57.12.4N　5.
Great Britain (North)　6.42.4W,57.2.3N
Great Britain (South)　5.29.7W,53.51.8N
South East Lincolnshire　0.32.7W,53.6.5N
Street Atlas Virtual Map　61.36.50N,140.28.
The World　180.0.0W,70.0.0N　18
The World In Colour　90.00.00N,180.00.
Tokyo Area (1)　35.57.60N,138.49.01E
Tokyo Area (2)　36.24.60N,138.04.79E
Load
Preview
Cancel

図4-27　Select A Map

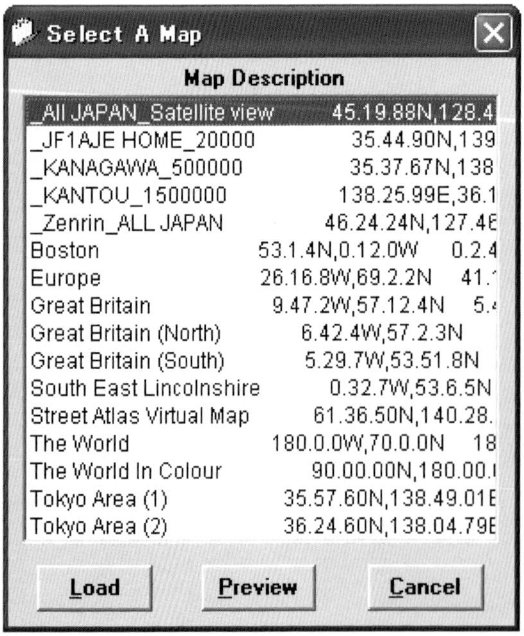

Map

データをプロットする下地となる地図を制御するメニューが集約されています．

【Load A Map】（**図4-27**）

「UI-VIEW￥MAPS」フォルダに置かれている地図のリストが表示されます．この「Select A Map」のウィンドウでは，地図のINFファイルの情報が表示されます．“F2”はこの機能のショートカットです．

・Load

選択した地図がロードされます．

・Preview

選択した地図が縮小表示され，地図の内容が確認できます（初回は少し時間がかかる）．一度縮小表示した地図は，「UI-View ￥MAPS ￥mini Maps」フォルダに縮小地図ファイルが作成されるため，2回目以降の縮小表示は高速です．

【Previous Map】（**図4-28**）

直前に表示していた地図をロードします．

Map
Logs
Lists
Action
Load A Map　F2
Previous Map　Ctrl+P
Next Map　Ctrl+N
Refresh Map List
Make A Button

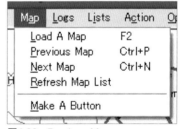

図4-28　Previous Map

【Next Map】

現在表示中の地図の次に表示させた地図がある場合，その地図をロードします．

【Refresh Map List】

地図データを置いてあるフォルダに新しい地図を追加した場合は，この［Refresh Map List］を実行することにより追加した地図データがUI-View32で認識され，使用することができるようになります．

【Make A Button】

「ToolBar」にある地図選択ボタン（地図ロードのショートカット・ボタン）を作成する機能です．地図表示中にこのボタンを押すと，表示中の地図のショートカット・ボタン 図4-29 が「ToolBar」に作成されます．このショートカット・データ（BTNファイル）および地図画像を元に作成されるボタンの画像データは，「UI-VIEW￥MAPS￥BUTTONS」フォルダに保存されます．このデータは，20×20ピクセルの画像ファイル（BMPファイル形式）で，画像編集ソフトで編集できます．

このショートカット・ボタンを作成するときは，地図の輪郭線，グリッド・スクエアーなどの表示を停止して作成すると，よりきれいなボタンが作成できます．

図4-29
Make A button

Messages

ここで少しAPRSのメッセージ交換のしくみについて説明します．APRSのメッセージ交換は，一世を風靡したパケット通信のメッセージ交換とはしくみが異なっています．通常，パケット通信では誰かにメッセージを送るために，その局に接続（コネクト）してライブチャットを行うか，PMS（メールボックス）でメッセージを残したりします．どちらにしても情報の

交換は「AX.25の接続モード」を使用して行われていました．APRSのメッセージ・システムはずっと簡単です．APRSメッセージとそれに対するAckは，すべてUIパケット（AX.25プロトコルに定めるあて先なしのパケット）で伝送されています．APRSでは，AX.25の接続モードを利用する必要がありません．頻繁に使う機能なので，この項目は少し詳しく説明します．

● Messages Window（図4-30）

「Main Screen」の「Messages」を選択したときに開くのが「Messages Window（メッセージ・ウィンドウ）」です．メッセージのやりとりとモニタはすべてこの画面で行います（他局あてのメッセージも表示される）．この「Messages Window」の最下段にある「To」ボックスに「メッセージを送りたい局のコールサイン（SSID付き）」を入力し，「Text」ボックスにメッセージを入力してEnterキーを押せば，メッセージをその局に送ることができます．

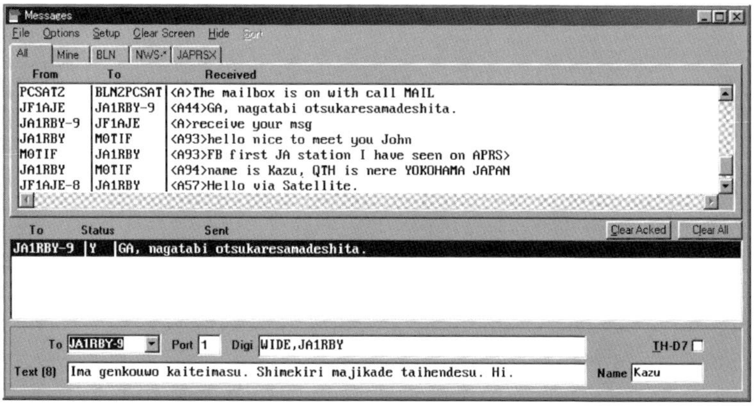

コラム4-5　〔重要〕UI-View32が持つ二つのメッセージ・フォーマット

UI-View32はメッセージやビーコンの信号フォーマットとして，UI-View32独自のフォーマットと，APRS標準フォーマットの2種類のメッセージ・フォーマットをサポートしています．UI-View32の独自フォーマットはAPRSフォーマットに比べて若干の利点を持っていますが，ほかのAPRSソフトウェア・ユーザーはUI-View32独自のフォーマットでメッセージを受信することができない場合があります．

日本ではUI-View32ユーザーが多いのですが，海外局とのメッセージ交換も行うなら，APRSフォーマットを使用するほうがよいと思います．

UI-View32フォーマットの拡張機能の例としては，間違った順番で受信された（伝送ルートの違いにより，たまに発生する）メッセージも正しい順番に整列されて表示される点があります（拡張機能の一つであるメッセージのシーケンス番号による整列機能）．

図4-30　Messages Window

● Message Window最上段のタブ

選択可能ないくつかの異なった表示オプションが利用できます.

・All

やりとりされているすべてのメッセージが表示されます（他局から他局あてを含む）.

・Mine

自局あて，および自局が発信したメッセージだけが表示されます.

・BLN

「APRS Bulletin」として発信されたものを表示します. APRS全局に対するお知らせ的な内容です.

・Other message groups

自局が設定した「message groups」あてのメッセージを表示します. なじみの局同士でグループ名を決めておけば，グループ内の掲示板として使用できます. ［Setup］→「Message Groups」で，「Group」を作成することができます. 自局が上記のどの表示ウィンドウを見ていても，すべての表示はつねに更新されています.

「From」，「To」に表示されているコールサインをダブルクリックすると，そのコールサインが自動的に送信ウィンドウの「To」ボックスに入力され，カーソルは「Text（送信テキスト）」ボックスに移動します. ウィンドウの中のメッセージを右クリックすると，その受信日付と時刻が示されます.

● メッセージの履歴欄

中段は，自局が送ったメッセージの履歴を表示しています. この中の「Status」列は，自局が送信したメッセージの現在の状態を示しています. 二つの桁はメッセージが送信（リトライ）した回数をその状態とともに示しています.

「Y」：あて先の局からのACKを受信したとき.

「N」：あて先の局からのACKが受信できなかったとき（RF経由のメッセージ送信では，この表示の場合でも相手にメッセージが届いていることがある）.

「H」：あて先の局へ送ろうとした以前のメッセージがまだ送信（リトライ中を含む）を完了していないため，いま入力して送信しようとしたメッセージは送信保留（待機）している状態です（APRSフォーマットのときのみ表示）.

「N」の表示になっているメッセージは，それをダブルクリックすることによって，再度送信することができます.

● メッセージ送信欄（図4-31）

最下段は，「Text（送信）ボックス」です.

・To

あて先となる局のコールサインです. ドロップダウン・リストには自局が過去（UI-View32起動後）にメッセージ交換した局がリストされます. あて先（To）を「EMail」とすることで，インターネットに対してE-Mailを送ることもできます.

・Port

メッセージを送るポートを指定します. APRSサーバ接続の場合は「I」（よく「1」と間違えられている. APRSサーバ接続でメッセージが送信できないときは，ここが「I」になっていることを確認する）. TNC接続の場合は複数のポートを利用していない限り，ここは「1」です.

ポート「I」を指定している場合は，「Digi field（デジピータ指定欄）」は入力不可になっています.

・Digi

TNC接続で運用する場合に，ここでメッセージ送信のためのデジピータ（無線経路）の指定ができます. UI-View32は各あて先局への最後に成功したメッセージ送信時に使用したデジパス（経路）を記憶しており，デフォルトではその内容が表示されています.

メッセージを送ろうとしている局に対する適切なデジパスがわからない場合，「Digi」ボックスをダブルクリックするか，カーソルをこのボックス内において「Ctrl＋D」を押すと，自局が「Main Screen」→［Setup］→［Station Setup］で設定した使用中のポートに対するデフ

図4-31　メッセージ送信欄

ォルトのデジパスが設定されます．「Ctrl＋R」を押す
と，UI-View32がそのあて先局の信号を受信したとき
のデジパスが設定されます．

・Text

送りたいメッセージを記述して「Enter」を押すと
送信します．メッセージにはカナ漢字などの日本語コ
ード文字は使用しません．国際的なマナーです．「Text
()」の（ ）中には，記述可能な残り文字数が表示さ
れます．

制限文字数を超えて入力した場合の動作は，[Message
Window]→[Options]にある[Auto Wrap]を選択
するかどうかで決まります．選択されている場合は，
メッセージは自動的に分割されて送信されます．すな
わち，制限文字数に達した瞬間に入力したメッセージ
が送信され，継続してそれに続くメッセージが入力で
きます．[Auto Wrap]が選択されていない場合は，
制限文字数以上は入力できません．

・APRS

UI-View32フォーマットでメッセージの送受信が有
効な場合に出てくる項目で，「APRSフォーマット」
でメッセージを送信したいときにONにします．あて
先局がAPRSフォーマットを使用しているようなら，
ここをONしてください．

・TH-D7

あて先局がKENWOOD（現JVC KENWOOD）の
旧機種である「TH-D7」を使用しているときにONに
します．すると，APRSフォーマットが選択され，最
大入力文字数が45文字に制限されます．

・Name

「To」ボックスに表示されている局の氏名（ハンド
ル）を入力します（入力したからといって，メッセー
ジにその情報が利用されるわけではない）すると，次
回からはその局のコールを「To」ボックスに入力し
たときに氏名（ハンドル）が「Name」ボックスに自
動で表示されます．備忘録です．Main Screenで地図
上の局のシンボルをダブルクリックして表示される
「詳細情報のName」の欄にもこの氏名（ハンドル）
が表示されるようになります．

メッセージの送受信における最大文字数はAPRS
フォーマットでは67文字で，UI-View32フォーマッ
トでは55文字です．このフォーマット設定は「Main
Screen」→[Setup]→[APRS Conpatibility]の
[UI-View32 extensions]のチェックの有無で決まり
ます（チェックが無いときはAPRSフォーマットにな
ります）．

図4-32　File

Messages→File（図4-32）

メッセージのやりとりは，ファイルに記録されてい
ます．[File]→[Read Messages]でコールサインを
選択すると，過去にその局と交わしたメッセージを確
認することができます．

【Read Messages】

テキスト形式のファイルに保存されているメッセー
ジ（発信局のコールサインがファイル名）を確認でき
ます．[Options]→[Save To File]をONすることによ
り，メッセージが保存されるようになります．

【Delete Messages】

保存されているメッセージを削除します．

Messages→Options（図4-33）

メッセージ送受信時のアラームや，音声合成による
読み上げに関する設定などを行うメニューです．

【New Message Alert】

自局あてのメッセージを受信したとき，アラームを
鳴動させることができます．

・Every Line

自局あてのメッセージを受信したとき，毎回アラー
ムを鳴動します．

・After Pause

自局あてメッセージの受信が前回の受信から2分間
以上経過した場合，アラームを鳴動します．2分以内

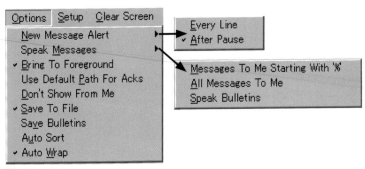

図4-33　Options

に次のメッセージを受信した場合，アラーム鳴動は行ないません．同一局とメッセージ交換を継続しているとき，頻繁にアラームが鳴動するのを抑止できます．

【Speak Messages】

メッセージを音声合成で出力します．このオプションは，MS Agentがインストールされている場合のみ有効です．

・Messages To Me Starting With %

「%」で始まっている自局へのメッセージを受信したときだけ，メッセージの音声合成出力を行います．

・All Messages To Me

自局あてのメッセージはすべて音声合成出力を行います．

・Speak Bulletins

APRS Bulletinメッセージも音声合成出力されます．

【Bring To Foreground】

ONにすると，メッセージを受信したとき，Message Windowを最前面に表示します．

【Use Default Path For Acks】

ONにすると，受信メッセージに対するAckを，「Main Screen」→[Setup]→[Station Setup]の[Unproto address]で設定したデジパス（RFの経路）で送信します．ONにしていない場合（推奨）はメッセージ受信経路の逆の経路を自動設定し，送信します．

【Don't Show From Me】

自局から発信したメッセージを表示しません．自局が「Main Screen」→[Setup]→[Comms Setup]の[Host mode]の設定を「NONE」にしている場合は，このオプションは機能しません．

【Save To File】

自局あてのすべてのメッセージを，メッセージ送信元のコールサインをファイル名とするファイルに記録します．

【Auto Sort】

「BLN」と「Message Group」のメッセージについて，新しいメッセージを受信したときに自動的に整列が行われます．

【Auto Wrap】

メッセージの入力で，最大制限文字数を超えて入力したときの動作を指定します．ONにしていると，最大制限文字数に達した時点で入力済みメッセージは自動送信され，引き続きメッセージの入力ができる状態になります．ONにしていない場合は，最大文字数まで入力すると，それ以上入力できなくなります．

Messages→Setup（図4-34）

図4-34　Setup

メッセージ送信のリトライ回数，送信ポート，自動返信などについての設定を行うことができます．

【Message Retries】（図4-35）

図4-35
Message Reties

自局が送ったメッセージに対して，あて先局から Ackが返信されなかった場合の再送信に関する設定です．

・Retry interval

再送信の間隔を入力します．

・Try × times

再送信の回数を入力します．再送信回数まで試みてもAckが受信できなかった場合，このメッセージ送信は失敗したと見なします．再送信までの間隔は，再送信回数の2倍以上にします．

・Retry on heard

ONにすると，メッセージの送信を失敗した場合でも，そのあて先局の信号を受信したときに再び送信を試みます（失敗したときと同じポートで送信）．

・Expire after X mins

この設定は［Retry on heard］がONのときのみ有効です．ここに設定した時間（単位＝分）が経過したら，［Retry on heard］の機能を無効にします．「0」は，無効にさせたくない場合の設定です．

【参考】ここの選択が，APRSフォーマットのメッセージに対してどのように動作するかを，少し詳しく説明します．

「Retry on heard」がONで，APRSフォーマットのメッセージの送信に失敗したとき，ほかのすべてのそのあて先局へのメッセージの「Status」が「H」表示のものは送信されなくなります．そして，そのあて先局の信号を受信したとき，送信に失敗したメッセージは再送信され，それが成功すると次のその局あてのメッセージの「Status」が「H」表示のものが自動送信されます．送信待機中のメッセージはMessage Windowで「H」が表示されます．

図4-36　Default Message Port

「Retry on heard」がOFFで，APRSフォーマット・メッセージの送信を失敗した場合は，次のメッセージの「Status」が「H」表示のものが送信されます．

【Default Message Port】（図4-36）

メッセージの送信に使用するポートを設定することができます．APRSサーバの場合は「I」，RFの場合は通常「1」です．

【Auto-Answer】（図4-37）

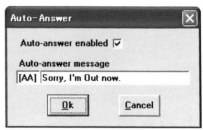

図4-37　Auto-Answer

ここでは不在中に自局あてのメッセージを受信したとき，UI-View32が自動的に相手に対して送る返信メッセージを入力します．返信メッセージは最大40文字で，このメッセージはつねに冒頭に「AA（自動返信という意味）」が付加されます．

Message Window上で「Ctrl＋A」を押すと，この機能のON/OFFが切り替わります．この機能がONのときは，キャプション・バーの上に［AA］の表示が出ます．

【参考】この機能がONのとき，メッセージ送信操作を行ったり，UI-View32を閉じると自動的にOFFになります．

【Message Groups】（図4-38）

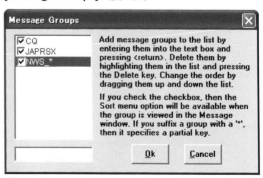

図4-38　Message Groups

「メッセージ・グループ」とは，なじみの局同士で決める共通のグループ名のようなもので，例えば「JAPRSX（筆者が属する日本のAPRS愛好家グループ）」というグループ名をメンバー各局が設定すると，メッセージ送信欄のあて先「To」に「JAPRSX」を入力して送信したメッセージはメンバー各局あてに同報することができます．このメッセージは新たに作成された「JAPRSX」というタブにあるウィンドウに表示されます．仲間同士の掲示板として有用ではないでしょうか．

【参考】同報メッセージなので「Ack」は返信されません．［Message Retries］で設定した回数まで再送が行われ，「Status」の表示は「N」になります．

・設定

設定したいグループ名（ワイルドカード「＊」使用可）を下段ボックスに入力し，「Enter」キーで上段のリストに追加します．

上段リスト中のグループ名をONにすると，そのグループが有効になります．初期設定では「NWS－＊」が設定されています．

【Text Colours】

各ウィンドウ，文字の背景，文字色を詳細に設定できます．自局のデザイン・センスが問われる部分です．

Messages→Clear Screen

表示中ウィンドウの表示内容を消去します．

Messages→Hide

Messages Windowを閉じます．閉じた状態でも，バック・グラウンドで受信メッセージの表示は継続しています．

Messages→Sort

APRS Bulletinsとグループ・メッセージに関して有効な機能です．ONにすると受信メッセージを英数字順で整列します．

Stations（図4-39）

受信した局に関する情報を確認したり，その局に対して各種パケットを送るためのウィンドウです．このウィンドウはUI-View32が受信したAPRS互換ビーコンを送信している局のリストが表示されます．

【リストの表示項目】

・「U」列

UI-View32を使用している局の場合に表示され，その局のUI-View32の設定により表示が異なります．
「＋」…UI-View32の拡張機能を使用している局で，ビーコンの最後に「UI-View32」が付加されています．
「－」…UI-View32の拡張機能を使用していない局で，ビーコンの最後に「UI-View32N」が付加されています．拡張機能の利用設定は，「Main Screen」→「Setup」→「APRS Compatibility」の設定によります．

・「Callsign」列

コールサインの後ろに「＊」が付されているものは，受信経路にデジピータやI-GATEを経由して受信されたパケット（RFで直接受信した局ではない）を意味しています．なお，RF受信で，デジピータ経由と直接との両方で受信した場合は，直接受信したパケットを優先します．

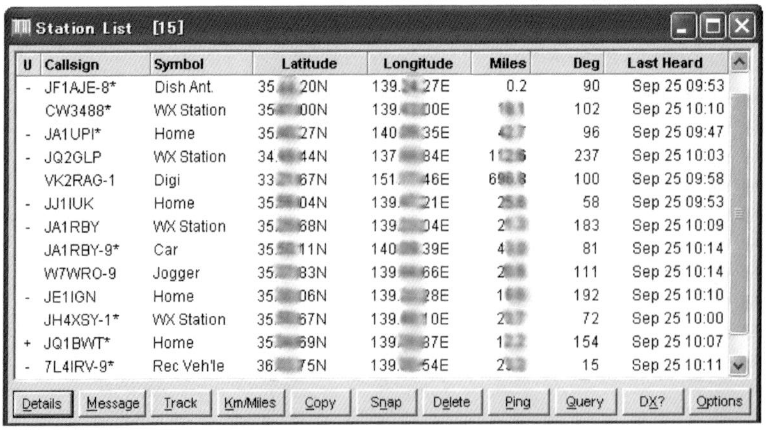

・「km/Miles」列

表示局の座標と自局の座標から，表示局までの距離と方位を

U	Callsign	Symbol	Latitude	Longitude	Miles	Deg	Last Heard
-	JF1AJE-8*	Dish Ant.	35 20N	139 27E	0.2	90	Sep 25 09:53
	CW3488*	WX Station	35 00N	139 00E	18.1	102	Sep 25 10:10
-	JA1UPI*	Home	35 27N	140 35E	42.7	96	Sep 25 09:47
-	JQ2GLP	WX Station	34 44N	137 84E	112.6	237	Sep 25 10:03
	VK2RAG-1	Digi	33 67N	151 46E	696.8	100	Sep 25 09:58
-	JJ1IUK	Home	35 04N	139 21E	25.6	58	Sep 25 09:53
-	JA1RBY	WX Station	35 68N	139 04E	21.7	183	Sep 25 10:09
	JA1RBY-9*	Car	35 11N	140 39E	43.1	81	Sep 25 10:14
	W7WRO-9	Jogger	35 83N	139 66E	20.6	111	Sep 25 10:14
-	JE1IGN	Home	35 06N	139 28E	16.9	192	Sep 25 10:10
-	JH4XSY-1*	WX Station	35 67N	139 10E	21.7	72	Sep 25 10:00
+	JQ1BWT*	Home	35 69N	139 87E	12.2	154	Sep 25 10:07
-	7L4IRV-9*	Rec Veh'le	36 75N	139 54E	21.3	15	Sep 25 10:11

Station List [15]

Details | Message | Track | Km/Miles | Copy | Snap | Delete | Ping | Query | DX? | Options

図4-39 Stations

計算し表示します.

【Details】

ビーコンの詳細情報を別ウィンドウで表示します.
このウィンドウは局ごとに複数開くことができます.

【Message】

Message Windowを開きます. Message Windowの
「To」には,自動的にコールサインが挿入されます.

【Track】

局の追跡モードのON/OFFを行います. 追跡モー
ドにすると,その局のビーコンを受信したときに自動
的にその局を含む最小縮尺の地図をロードし,シンボ
ル,ラベルを表示します. 移動局を指定すると,その
移動局のビーコンを受信するたびに最適地図上にその
局のシンボルを表示します.

【km/Miles】

「km表示」と「Miles表示」の切り替えをします.
「Detail」ウィンドウの高度表示にも反映されます.

【Copy】

表示中のリストをクリップボードにコピーします
(約500局以上リストされているときは機能しない場合
がある).

【Snap】

リスト画面の内容を記録し,「￥UI-View32￥
SNAPSHOT」に保存します. データの内容は「Copy」
と同一です.

【Delete】

その局をリスト表示から除外し,地図上の表示も消
去します.「Ctrl＋Delete」で全局を削除します.

【Ping】【Query】【DX？】

相手局に各種問い合わせ信号を発信する機能です.
これらの機能は,自局および相手局がともに UI-View32
を使用しており,かつ〔UI-View（32）extensions

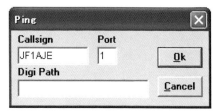

図4-40　Ping/Query

enabled〕が ON になっているときのみ機能します.

・**Ping**…自局からどのような通信経路で宛先局にパケ
ットが届いたかの経路情報を返信してきます. 複数経
路がある場合はそのすべてを返信してきます. 問い合
わせ発信時のデジパスの指定が可能です（**図4-40**）

・**Query**…あて先局の「ステータス・メッセージ」を
返信してきます. 問合せ発信時のデジパスの指定が可
能です.

・**DX？**…あて先局がRFで通信できる最も遠距離の局の
座標,宛先局から最遠局までの距離を返信してきます.

【参考】相手局が運用中であり,かつあて先局と通信
経路が確保されている場合のみ,返信を受け取ること
ができます.

【Options】（**図4-41**）

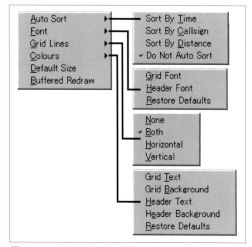

図4-41　Optionsメニューの全ての項目

リスト表示に関するオプション設定項目です. リス
ト表示を右クリックしても開くことができます.

・**Auto Sort**

自動整列の設定です. 受信時刻,コールサイン,距
離それぞれにより整列できます. APRSサーバに接続
しているときは,自動整列は行われません.

・**Font**

項目とデータそれぞれのフォント,スタイル,サイ
ズを設定できます.

・**Grid Lines**

一覧表の格子線表示に関する設定です.

・Colors

各文字，背景の色の設定です。

【その他の機能】

・表示列幅変更

各列は，項目欄の仕切り線をドラッグすることで表示横幅を変更できます．幅を「0」にすることでその項目を表示させなくすることができます．

・整列

表の項目名をクリックすることにより，その項目内容で全体を手動整列できます．これらの設定は，[Option]の[Default Size]を選択することで元に戻すことができます．

・局検索

リスト上（任意の位置）で3秒以内にコールサインを入力すると，そのコールサインを検索することができます．「Cursor」キーまたは「Esc」キーで検索機能はキャンセルされます．

・項目表示順変更

表の項目名をドラッグすることで，項目の表示順序を変更できます．

Terminal（図4-42）

通信内容を表示する「Terminal Window（ターミナル・ウィンドウ）」について説明します．初期設定では，UI-View32によって行われたすべての通信を表示します．

「Main Screen」→「Setup」→[Comms Setup]の[Host mode]で「NONE」を使用している場合は，下段にTNCのコマンドライン用の入力スペースが表示されています．ここでTNCにコマンドを送ることが可能です．

【注意】UI-View32は通常状態ではTNCを「converse mode」で使用しています．TNCの「command mode」を使用したときには，「converse mode」に戻すことを忘れないようにしてください．Terminal Windowを閉じると，TNCは「converse mode」に戻ります．他局と接続するためにこの機能（コマンドライン）を使用すると，UI-View32の動作はおかしくなります．通常この機能を使用する必要はありません．

【Clear】

現在の表示を消去します．

【Hide】

ウィンドウを閉じます．

【Save】

Terminal Windowに表示されたすべてのデータをファイルに蓄積，記録します．ファイルは「UI-VIEW32¥MonLog」フォルダに保存され，ファイル名が年月日のテキスト・ファイルで保存されます．ファイルは日付けが変わると自動的に新規作成されます（時間はUTC）．

図4-42　Terminal

【Options】（図4-43）

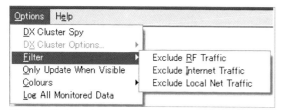

図4-43　Options / Terminal Window

・DX Cluster Spy

「DX Cluster」の「スパイ・モード」をONにします。

・Filter

−Exclude RF Traffic

RFでの通信内容を表示しません。

−Exclude Internet Traffic

APRSサーバとの通信を表示しません。

−Only Update When Visible

ウィンドウを表示しているときだけ，表示内容の更新が行われます。このオプションの選択は，ウィンドウを閉じたときにCPUへの負荷を減らす効果が期待できます。

−Colours

テキストと背景の色を変えることができます。

・log All monitored Data

ここで得られるログ・ファイルは，ウィンドウに表示された内容そのものなので，UI-View32でこのファイルを再生することなどはできません（このログは，あまり使い道がないかもしれない）。

◆File→Edit IGATE.INI

自局のI-GATE機能に関する設定を行うことができます。

【注意】不適切な設定は自局の周辺局のみならず，全世界のAPRS局に対して迷惑をかける（ご自身も恥をかく）恐れがあります。APRS，APRSサーバ，I-GATEなどついてよく理解したうえで，ローカル・ルール，グローバル・ルールに従って運用できるように設定しましょう。

極端な例ですが，APRSサーバから膨大なデータを受信しているときにそのすべてをRFへI-GATEするよ

うな設定を行うと，自局周辺ではRFが使用できなくなってしまいます。「Show IGATE Traffic」で自局がゲートしている内容のモニタを心がけ，適正な運用を行ってください。

【Setupタブ】（図4-44）

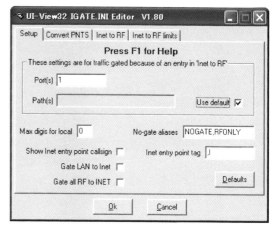

図4-44　IGATE.INI EditorのSetupタブ

・Port（s）

APRSサーバから来たデータをRFへゲート送信するときの「無線Port」の設定です。通常は「1」（数字の一）です。複数のポートを指定している場合は，それぞれのポート用に異なったパスを指定することができます。その場合，「1，2」のようにポート番号の間をカンマで区切ってください。

・Path（s）

インターネット側から来たデータをRFで送信するときに使用するデジパス（無線経路）を指定します。

例えば，I-GATEから発信するビーコンはデジピータを利用し，インターネット側から来たデータをRFで送信するときはデジピータを利用しないという設定が可能です。この場合，Use defaultをOFFにしてPath（s）を空欄にします。

複数のポートがある場合にはそれぞれのデジパスを指定できます。（例）WIDE1-1｜WIDE2-1｜WIDE2-2（ポートそれぞれのデジパスをパイプ・キャラクタ"｜"でつなぐ）。Path（s）にはディスティネーション・アドレス（APRSなど）は記述しません。ディスティネーション・アドレスは「APRS Compatibility」ダイ

アログで設定されたものが使用されます〔推奨値：デジパス指定なし（＝空欄）〕.

・Use default

ONにすると，デジパスは「Main Screen」→〔Setup〕→〔Station Setup〕で設定したものが使用され，〔Path(s)〕に記述したものは無視されます．ローカル局のパケットのゲートに利用されるポートは，最後にその局を受信したポートが使用されます．パスは，「UI-View32 Station Setup」で設定されたものが使用されます.

・Max digis for local

最大でいくつのデジピータを経由してきた局をローカル局として認識するかを定義します．「0」は，直接受信した局のみをローカル局であると見なすことを意味します．「8」より大きい数を入力すると，この機能は無効となります〔推奨値：1〕.

・No-gatc aliases

もし受信パケットの「Unproto」にここで指定する〔No-gate Aliases〕で定義したパスが含まれる場合，そのパケットのAPRSサーバへのゲート（転送）は行いません．ほかのAPRS局が自局のI-GATEによってその局のパケットをAPRSサーバにゲートされないようにするために提供されている機能です．パスの記述は，カンマで区切ってください.

デフォルトで「NOGATE」「RFONLY」が定義されています．つまり，発信ビーコンのデジパスに「NOGATE」や「RFONLY」の記述がある場合には，APRSサーバへのゲートを行わないようになっています．「NOGATE」「RFONLY」はお約束なので，削除しないでください.

・Show Inet entry point callsign

ONにすると，自局のI-GATEでAPRSサーバにゲートするすべてのパケットに自局のコールサイン（〔Inet entry point tag〕で設定した内容）が挿入され，どの局でI-GATEされたかが表現されるようになります.

このオプションは「Main Screen」→〔Setup〕→〔APRS Server Setup〕→〔Insert station callsign〕の設定によっても，定義することができます.

〔例〕JF1AJE-10（I-GATE）が次のパケットを受信し

た場合,

JA1RBY>APRS,WIDE1-1：>Hello

もし〔Inet entry point callsign〕がONだと,

JA1RBY>APRS,WIDE1-1,JF1AJE-10,I：>Hello

上記のように書き替えられ，APRSサーバへ送られます.

・Gate LAN to Inet

UI-View32が「ローカル・サーバ」として使用されていて，さらにAPRSサーバにも接続されている場合にこのオプションをONにすると，このLANから受信されたパケットもAPRSサーバにゲートされます.

【注意】この機能の意味をしっかり理解していない場合は，この機能はOFFにします.

・Gate all RF to INET

この機能は人工衛星と地上のAPRSパケットをゲートする局のための機能なので，通常はOFFです.

I-GATE機能をONにすると，デフォルトの設定ではRFで受信したパケットをAPRSサーバへゲートするようになっており，また，デジピータでデジピートされた同一のパケットは，ゲートしないようになっています．ここをONにすると，デジピートされた自局自身のパケットや非APRSのパケットもすべてゲートされるようになります.

すでに直接受信したものでも，さらにデジピートされた同一のものが受信されると，それもゲートします.

【注意】人工衛星を介したAPRS通信を行う場合以外は，「OFF」にしてください．地上系通信でここを「ON」にすると，多くの不要なパケットがAPRSサーバへ送られてしまい，世界のAPRS局に迷惑をかけてしまいます.

【Convert PNTSタブ】

日本には，「＄PNTSパケット」を送信する「NAVITRA」と呼ばれるAPRSに似たシステムがあります.

UI-View32は「＄PNTSパケット」を解析して，標準的なAPRSフォーマットに簡易的に変換する機能が搭載されています．この項では自局がその機能を稼動させるかどうかを定義するものです.

【注意】この機能を使用しても，NAVITRAとAPRS

間ではメッセージの交換はできません．NAVITRAと
APRS間のゲートについては，現状では「行わない」
が大方の賛同を得ています．国内および世界のAPRS
局にとって，NAVITRA，APRS間のゲートを行うメ
リットよりも，それによる弊害のほうが大きいと考え
られるためです．今後の継続検討課題です（現状では
OFFを推奨）．

・Convert PNTS Inet to RF

ONすると，「NAVITRA BEACON」がインターネ
ットからRFにゲートされるときAPRSフォーマット
に変換されます．

・Convert PNTS RF to Inet

ONすると，「NAVITRA BEACON」がRFからイ
ンターネットにゲートされるとき「APRSフォーマッ
ト」に変換されます．

【Inet to RFタブ（図4-45）】

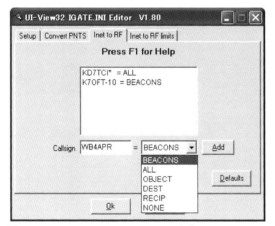

図4-45　IGATE.INI EditorのInet to RFタブ

日本では，Inet to RFは原則として空欄のままの運
用が推奨されるので，ここの設定は原則として行いま
せん．この設定は，APRSサーバから受信した（イン
ターネット側からきた）データをRF側で送信するか
を定義するところなので，ここで設定した局のデータ
がRF側につねに送信されるようになります．ところ
が，インターネット側から来るデータの一部しか送信
できないことも多く，実用的な機能ではないようです．
【注意】もし設定する場合には慎重に設定してくださ
い．不適切な設定は，周辺局に迷惑をかけてしまいま

す．少なくとも2度は，RFにゲートするよう定義した
内容を再考してください（よく考えて設定しないと，
利用周波数に著しい混雑を招く）．もしこの機能を誤
用すると，誤用した局は地元のAPRSグループととも
に嫌われ者になるでしょう（開発者のコメントを直訳）．

・Callsign

ゲートする局を指定します．ワイルドカード「＊」
が使用できます．「JF＊」はJFで始まるすべての局を
意味します．

・ドロップダウン・リスト

「Callsign」を入力してオプションを選択したのち，
「Add」ボタンをクリックするか，「Enter」キーを押
すことによって，リストにそれを加えることができま
す．リストからコールサインを削除するためには，リ
ストでそれをクリックして，Deleteキーを押してくだ
さい．コールサインを修正するためには，リストでそ
れをダブルクリックしてください．次に，入力したそ
れぞれのコールサインに対して，ゲートするパケット
の種類を選択します．

[ゲートするパケットの種類]

・BEACONS…指定した局から発信される位置情報を
含むBEACONです．

・ALL…指定した局から発信されるすべてのパケット
です．

・OBJECT…指定した局が発信したObjectパケットで
す．

・DEST…指定した内容を「ディスティネーション」
とするすべてのパケットです．

・RECIP…指定した局をあて先とするすべてのメッセ
ージ・パケットです．

・NONE…指定した局からのすべての種類のパケット
をゲートしません．

【参考】UI-View32がこのリストを参照するとき，最
上行から確認を開始して条件があったところでゲート
を実行します．いったん実行後はそれより下行のコー
ルサインは照合しません．

〔例〕JF1AJE = ALL
　　　JF＊　　= NONE

上記のどちらがリストの上段に記述されるかによっ

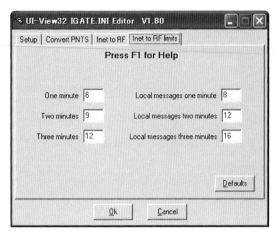

図4-46 Inet to RF limitsタブ

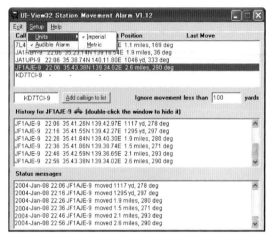

図4-48 Movement Alarm

て，動作はまったく異なります．一般的には，特定のコールサイン指定の項目がワイルドカードで指定されたものより上段に記述されるべきです．記述の順番は，マウスのドラッグで変更できます．

【Inet to RF limitsタブ（図4-46）】

このセクションは，既出のInet to RFが空欄のままであれば設定する必要はありません．ここで設定するのは自局のI-GATEによってAPRSサーバからRFへゲートされるパケット数の上限を定義するものです（これを適正に設定して，RFトラフィック過多を防ぐことも可能）．上限指定は，1分，2分，3分の各期間でゲートされるパケットの最大数を定義します．2種類の設定項目があります．

- ローカル局以外のすべてのパケットに対する設定．
- ローカル局パケットに対する設定．

（ローカル局の定義は，いくつのデジパスまでをローカル局と定義するかの設定により，UI-View内部にリストを作成している）

UI-View32をAPRSサーバに接続すると，「6個の緑の表示器」（**図4-47**）がMain Screenの地図ウィンドウ最上部中央に現われます．

この表示器の上段はローカル局以外のパケット．下段はローカル局用のパケット．各段のマスは，左からそれぞれの期間「1分，2分，3分」を示しています．各

図4-47
6個の緑の表示器

期間に設定したGATE数の限界を超えたなら，表示は赤に変わります．

最近はAPRSネットワーク内のデータはどんどん増えているので，工夫しないとすぐに限界を超えます．

「The Statistics window」を見ると，I-GATEがいくつのパケットをゲートしたか，また何が設定上限を超えたから，ゲートされなかったかを知ることができます．

File→Movement Alarm（図4-48）

指定した移動局からのパケットを受信したとき，定義した内容によってアラームを鳴動させる機能です．同時に履歴リストも作成しますので，固定局のコールサインをリストに記載しておけば，それらのビーコン履歴を参照することもできます．

【Add callsign to list】

コールサインを上段リストに追加します．リストの中の局をダブルクリックすると，選択された局のビーコン履歴が表示されます．

【Status messages】

下段のStatus Messagesウィンドウには各局の「Status（移動状況）」が記録されており，またリスト上の局がUI-View32から削除された時刻も表示します．

【Ignore movements less than ××metres】

ここで指定した距離以下の移動では，アラームは鳴

動しません．ここの設定でGPS受信機の測位精度に起因する座標の移動に関して，アラームを鳴動させないようにすることができます（移動局が静止していても，GPS受信機の測位精度に起因して，つねに座標が変化するため）．

【Exit】
この機能を終了します．

【Setup】
・**Unit**

表示単位を「Imperial（フィート）」か「Metric（メートル）」に設定します．

・**Audible Alarm**

アラーム鳴動のON/OFFの設定ができます．ここで使われる「アラーム音」は，「UI-View32￥WAV」フォルダの「Siren.wav」です．鳴動音を変更したい場合はこのWAVファイルを置き換えてください．

【参考】この機能は「UI-View32 ActiveX インターフェース」を使用したAdd-onアプリケーションの例として搭載されており，外部プログラムによって実現されています．Add-onアプリケーションを作る場合にインターフェースがどのように働くかを知るための例として使用することができると思います．このアプリケーションの「VB5ソース・コード」は「UI-View32￥Develop」フォルダの「MoveAlarm.ZIP」にあります．

File→Schedule Editor（図4-49）

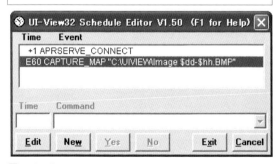

図4-49　Schedule Editor

UI-View32は，スケジューリング機能（UI-View32起動時，自動的にAPRSサーバへの接続動作を実行させるなど）をサポートしています．ここではこの機能の設定を行います．

【Edit】
既存の項目を選択してから［Edit］ボタンを押すと，その項目を編集できます．

【New】
このボタンを押して，新しいスケジュール項目を作成します．

【Yes】
編集したスケジュールを有効にするためには，このボタンを押します．ここで設定したスケジュール内容は，「SCHEDULE.TXT」としてセーブされます．

【Cancel】
設定した内容を消去します．

【参考】スケジュール指定にあたっては，CAPTURE_MAP，COPY，RUNなどの命令を複数ファイルに対して実行したい場合，各ファイルを「""」で区切ってください．

〔例〕「C:￥A FOLDER￥TESTA.JPG」「C:￥ANOTHER FOLDER￥TESTB.JPG」の二つのファイルに対して「Copy」命令を実行したいときは，「COPY "C:￥A FOLDER￥TESTA.JPG" "C:￥ANOTHER FOLDER￥TESTB.JPG"」と記述します．

【Time】
それぞれのスケジュール項目は，指定した時刻またはタイミングで実行されます．指定方法は，

・**hh：nn**…実行時刻を「時：分」で指定します．

・**＋nnn**…UI-View32起動「nnn」分後に実行します．

・**Ennn**…「nnn」分ごとに実行します．

【Command】
実行命令の種類は，ドロップダウン・リストから選択します．

・**APRSERVE_CONNECT**

APRSサーバへ接続します．

・**APRSERVE_DISCONNECT**

APRSサーバとの接続を切断します．

・**BCN_INTERVAL＜分＞**

＜分＞で指定した間隔でビーコンを発信します．ただし，このスケジュール設定は保存されないので，UI-View32を再起動した場合にはキャンセルされ，［Main Screen］→［Setup］→［Station Setup］で設定

した発信間隔に戻ります.

・CAPTURE_Map＜ファイル名＞

サポートされている画像フォーマット（BMP，JPG，PNG）で，Main Screenの最新の地図イメージを取り込みます．ファイル名が指定されていない場合は，「Capture. PNG」がファイル名として使用されます．指定ファイル名に拡張子がない場合は，「PNG」形式で保存されます．指定ファイル名にフォルダ指定がない場合は，「UI-View32￥Capture」フォルダが作成され，保存されます．ファイル名指定の中では，次の日時指定ができます．

・「＄yyyy」…4桁の年
・「＄yy」………2桁の年
・「＄mmm」…「Jan」などの月の英語略表記
・「＄mm」……2桁の月
・「＄dd」………2桁の日
・「＄hh」………2桁の時間
・「＄nn」………2桁と分
・「＄ss」………2桁の秒

〔例〕「＄yyyy-＄mmm-＄dd ＄hh-＄nn-＄ss.PNG」と指定すると，「2005-Feb-03 23-08-15.PNG」というファイルが作成される.

・COPY＜ファイル名＞

指定したファイルをコピーします．ファイル名にフォルダー名が含まれない場合，「￥UI-View32」フォルダーの中を探します．

・EXIT

UI-View32を終了します.

・RESTART

UI-View32を再起動します.

・RUN＜プログラム名＞

＜プログラム＞を起動します．（例）「RUN C：￥RIG ￥FREQ.EXE」

・SNAPSHOT＜数＞

最低＜数＞局が「Station List」に存在したなら，「Station List」の「Snap Shot」を保存します（〔Main Screen〕→〔Station〕→〔Snap〕の機能）．もし＜数＞の記述がない場合は，設定したスケジュールのタイミングで「スナップ・ショット」がつねに保存され

ます.

・WX_INTERVAL＜分＞

WXビーコンの送信間隔を＜分＞に設定します．このスケジュール設定は保存されないので，UI-View32を再起動した場合にはキャンセルされ，〔Main Screen〕→〔Setup〕→〔WX Station Setup〕で設定した発信間隔にもどります．

File→DownLoad APRS Sever List（図4-50）

このユーティリティによりWebサイトから最新のAPRSサーバのリストをダウンロードすることができます．自局がダウンロードしたリストは自動的にUI-View32の「APRS Server Setup」の設定に反映します．また，「￥UI-View32￥Text￥APRServe.txt」に保存されます（編集可能）．
【参考】このユーティリティを使用するとUI-View32「APRS Server Setup」の現用中のサーバ・リストは書き替えられてしまうので，注意してください．

File→History/Telemetry（図4-51）

指定した局が発信したAPRSパケットの「History（履歴）」を記録できます．「￥UI-VIEW32￥History Lists」フォルダにコールサインごとに記録ファイルが作成され，保存されます．また，指定局が発信するテレメトリ・パケットを「Telemetry（テレメトリ・データ）」として記録できます．これらの内容は複数

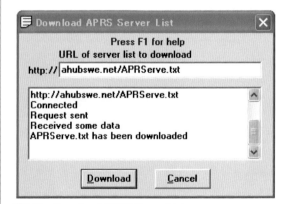

図4-50 Download APRS Server List

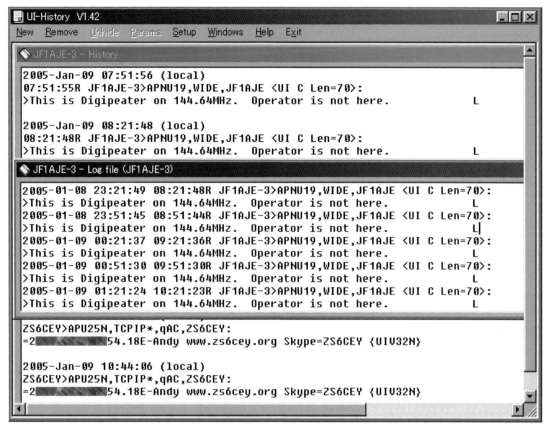

図4-51　UI-History

の局に対して機能し，その記録内容は，局ごとのウィンドウで表示させることができます．

【New】（**図4-52**）

履歴を記録する局のコールサインを指定します．

・List Type

「History list」，「Log file」，「Telemetry list」のいずれかを選択します．

・Callsign

コールサインを入力します．「History list」か「Log file」を選択した場合は，ドロップダウン・リストにコールサインが表示されるので，その中から局を指定することもできます．

「List Type」に「Log file」を選択すると，保存するファイル名を指定するボックスが開くので，ファイル名を指定します．空欄でクリックすると，指定した

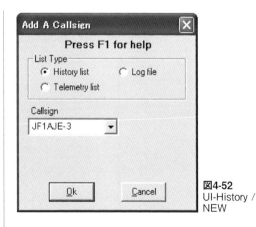

図4-52
UI-History /
NEW

コールサインが自動入力されます．

「List Type」に「Telemetry list」を選択した場合には，「Edit Telemetry Params」ボタンが出現する

ので，これを押して「Telemetry Parameter（収集するテレメトリの内容）」を定義します．

「UI-View32 ￥History Lists」フォルダに保存されている「History list」ファイルと「UI-View32 ￥LOGS」フォルダに保存されている「Log」ファイルは，[Main Screen] → [Logs] → [Play A Log] 機能で再生することができます．

【Remove】

現在，アクティブになっている履歴ウィンドウの履歴記録を終了します．終了時，記録内容をファイルとして保存するかどうかを問われるので，適宜選択してください．

【参考】ウィンドウをクローズしただけでは記録は終了していません．[Unhide] リストから指定することにより，表示を復活させることができます．

【Unhide】

現在バックグランドに隠されているウィンドウの一覧が表示されます．いずれかを指定することにより，アクティブ・ウィンドウに表示されます．

【Setup】（図4-53）

・Dupe suppress minutes

設定した時間内ですでに受信した同一パケットの記録を抑制します．あるパケットを直接受信した後でデジピータ経由で再び同一のパケットを受信したとき，重複して同一のパケットを記録することを避けることができます．

・Use UTC time

「History list」の時刻表示をUTC表示にします．「Log file」はつねにUTCで記録されます．

・Minimize in systray

ウィンドウを最小化したときに，「MS-Windows」の「システムトレイ」に格納します．

・Start minimized

起動時に最小化します．

【Windows】

表示ウィンドウの表示方法を「カスケード」か「タイル」にすることができます．

【Exit】

このプログラムを終了します．終了時点までの記録はファイルに記録され，次に起動したときに自動で読み込まれます．

掲示板（BBS），Webサイトの紹介

有志が集まって意見交換を行っているBBSや，知識，情報蓄積の場としてのWebサイト[1]があります（図4-54）.

APRS用の機器やソフトについてわからないことなどもBBSに遠慮なく投稿（大歓迎）していただければ，APRS運用にアクティブな局から親切なレスポンスが得られると思います．ぜひWebサイトの情報も参考にしてください．

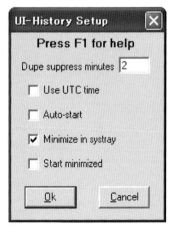

図4-53 UI-History / Setup

図4-54 JAPRSX Webサイトの掲示板群
不明な点は掲示板で質問してみるのも一つの方法

※1 JAPRSX（Japan APRS eXperiment）のWebサイト URL http://japrsx.com

第5章
資料編

本章では，本書に掲載されていないトランシーバなどでもAPRS運用に関係する項目を素早く設定できるように，**必要最低限の設定項目とその意味，そのほか運用に役立つ資料を掲載しています．**

また，**本書に登場したトランシーバの必要最低限の設定項目をまとめたトランシーバ別APRS設定ガイドも掲載しました．**

APRSを運用するには，ネットワークの構造を理解し，自局が電波を発射することによる影響を考えて，適切な設定を施し，情報を上手に発信したり利用することで，他局との楽しいコミュニケーションが実現できるといえます．ぜひ，これらの資料を参考にしてAPRS運用を実践してみてはいかがでしょうか．

日本国内でAPRS運用を行う際に必要となるトランシーバなどの移動デバイスの各種設定内容について，推奨される代表的な設定例を示したものです．本書に掲載されていないAPRS対応トランシーバを設定する際にも参考になるようにまとめました．

APRSの進歩は著しいので，月刊誌 CQ ham radio（CQ出版社刊）に掲載されているAPRSについての記事もあわせてご覧になることをお勧めします．

運用周波数と通信速度（ボーレート/APRS MODEM）

■ 日本における一般的なAPRS運用周波数とパケット通信速度

周波数（MHz）	通信速度
144.64	9600bps
144.66	1200bps

※APRSの運用は「広帯域のデータ」区分で行う
※その他の周波数では，個人・グループ用のI-GATEやデジピータが運用されていることがある
※430MHz帯は一部の地域で431.04MHz(1200bps)，431.09MHz(9600bps)も使われている

デジピート・パスとビーコン・インターバル

パケット中継経路 / デジピート・パス（デジパス）と自動送信を行う場合の間隔（ビーコン・インターバル）の推奨設定値．

■ 推奨デジピート・パスとビーコン送信間隔

運用形態	デジピート・パス	自動送信間隔	運用形態	デジピート・パス	自動送信間隔
移動局（動力付）	WIDE1-1	3～1分	気象局	特定デジ指定	30～20分（気象急変時は適宜短縮）
	SSn-N	3～1分	デジピータ	デジピート・パスなし	30分
	※高所移動時はデジピート・パスは指定しない		I-GATE	デジピート・パスなし	30分
移動局（人力）	WIDE1-1	5～1分（サーバへの到達率による）	OBJECT	オブジェクトの内容による（自動送信間隔はイベント10～30分・ノード情報30分）	
固定局	デジピート・パスなし	30分			

※いずれの設定も地域のRFトラフィックを考慮した柔軟な対応が重要

SSn-N一覧表

● **トラフィック軽減につながる SSn-Nの考え方**

　APRSネットワークの円滑な運用を維持するために，発信するパケットを必要以上に遠方に飛ばさない，拡散させない運用が重要と言われている．そこで，おもな移動範囲が同一都道府県内という移動局の場合，デジパスにSSn-Nを入力して起動するデジピータを特定エリア内に限る方法が考案されている．例えば，おもに東京都内を移動する局ならデジパスに「TK1-1」（TKは東京都を意味する．SSn-N一覧表参照）を指定

して，東京都内にあるデジピータだけを動作させるようにする．たとえ隣接県のデジピータまで電波が届いてもそれらが動作することがなく，トラフィックの削減（＝混雑緩和）への効果が期待できる．

　具体的にはデジパスに記入する文字列としてSSn-NのSSの部分に下表から照らし合わせた2文字をあてはめたものを入力する．例えば，埼玉県のデジピータだけを起動させる場合は，ST1-1と指定する．

■ SSn-N一覧表（エリアおよび都道府県別）

所　轄	コード	都道府県	コード	所　轄	コード	都道府県	コード
北海道総合通信局（8エリア）	HK	北海道	HK	中国総合通信局（4エリア）	CG	鳥取	TT
						島根	SN
東北総合通信局（7エリア）	TH	青森	AM			岡山	OY
		岩手	IT			広島	HS
		宮城	MG			山口	YG
		秋田	AT	四国総合通信局（5エリア）	SK	徳島	TS
		山形	YT			香川	KW
		福島	FS			愛媛	EH
関東総合通信局（1エリア）	KA	東京	TK			高知	KC
		神奈川	KN	九州総合通信局（6エリア）	KS	福岡	FK
		埼玉	ST			佐賀	SA
		千葉	CB			長崎	NS
		茨城	IK			熊本	KM
		栃木	TG			大分	OI
		群馬	GM			宮崎	MZ
		山梨	YN	沖縄総合通信事務所（6エリア）	ON	沖縄	ON
信越総合通信局（0エリア）	SE	新潟	NG				
		長野	NN				
北陸総合通信局（9エリア）	HR	富山	TY				
		石川	IS				
		福井	FI				
東海総合通信局（2エリア）	TO	愛知	AC				
		岐阜	GF				
		静岡	SO				
		三重	ME				
近畿総合通信局（3エリア）	KK	大阪	OS				
		兵庫	HG				
		京都	KT				
		滋賀	SG				
		奈良	NR				
		和歌山	WK				

ステータス・テキスト(STATUS TEXT)の設定

内容に特に決まりはない．ユニークで役立つ情報としてのコメントが好ましい（例えば，受信中の周波数など）．APRS-WGでは，TH-D72やTM-D710のディスプレイで表示したときに見やすいように，10文字単位でコメントを整形することを勧めている．

● ステータス・テキストの文例

Hachi on 144.64/9k6mobile in JAPAN
Cycling TAMA-lake /TH-D72 now !
Receiving 433.00MHz Pse Call me.
439.64MHz RX now.

シンボル(自局アイコン/STATION ICON)の選択例

シンボルはアイコン風の絵柄で自局のようすを表現するもの．実態に合ったものを選んで設定する．さまざまなシンボルが用意されているので最も自局の運用環境に近いものを選ぶ．

■ よく使われているシンボルと意味(用途)一覧

　…端末メーカー

　…固定局

　…オブジェクト

　…移動局

　…移動局

　…オーバーレイ用

　…不適切

■ オーバーレイ・シンボルの例

　…Digipeater + New-N "S"

　…Diamond + I-GATE

　…WX Station + New-N "S"

　…Digipeater + I-Gate

　…Circle + Echolink

　…Car + Number

※全世界が見ています．　実態に合ったシンボル発信を心がけましょう

※固定局…オペレータが運用中（オペレータが不在の場合は，原則としてビーコンは発射しない）

APRS SSID 推奨設定(適用)一覧

■ APRS用SSID 推奨設定(適用)一覧

SSID	適　用	使用例
-0 (※1)	メッセージ交換可能な固定（常置場所）局	APRS対応トランシーバ，　PC＋TNC＋無線機などで運用する固定局
-1 (※2)	1200bpsの狭中域（Fill-in）デジピータ，　または固定（常置場所）局，　移動局，　気象局	1200bps狭中域デジピータ（空中線をビルの屋上などに設置する），または2局目以降の固定（常置場所）局，移動局（陸海空），気象局など
-2 (※2)	すべての9600bpsのデジピータ，　または固定（常置場所）局，　移動局，　気象局	すべての9600bps（狭中広域）専用デジピータ，　または2局目以降の固定（常置場所）局，　移動局（陸海空），　気象局など
-3 (※2)	1200bpsの広域デジピータ，　または固定（常置場所）局，　移動局，　気象局	1200bpsの広域デジピータ（山岳などに設置する），　または2局目以降の固定局（常置場所），　移動局（陸海空），　気象局など
-4	固定（常置場所）局，　移動局，　気象局	2局目以降の固定局（常置場所），　移動局（陸海空），　気象局など
-5	携帯機器(iPhone，BlackBerryなど)による運用局	iPhone，KetaiTracker，U2APRSなどを公衆通信網に接続して運用している局
-6	APRS衛星利用局，　イベント運用局，　実験局	APRS衛星地上局（S-GATE），展示会やキャンプなどでの移動地運用局，各種実験局
-7	メッセージ交換可能なハンディ機などによる自力移動局	徒歩や自転車など，　自力で移動する局（電車やバスによる移動を含む）
-8	海上移動局，　陸上移動局	船舶での海上移動局，キャンピング・カーや2局目の陸上移動局（自動車）など
-9	メッセージ交換可能な動力付陸上移動局	自動車（トラックを除く），オートバイなどの動力付移動局（ハンディ機での自動車運用などを含む）
-10	I-GATE，インターネット接続運用局（無線機なし）	I-GATEやインターネット接続のみの局など
-11	ARHAB（気球局），航空機，宇宙船など	バルーン（気球），航空移動局，宇宙船（スペースシャトル，ISS，PACSAT）など
-12	メッセージ交換不可なトラッカー機器などの利用局	片方向通信デバイスを利用する局（TinyTrak・OpenTrackerなど）
-13	気象局	ウェザ・ステーション（気象観測局）
-14	トラック移動局	トラックでの移動局
-15	固定（常置場所）局，　移動局，　気象局	2局目以降の固定（常置場所）局，　移動局（陸海空），　気象局 など

※1　"-0"はSSIDなしを意味している.
※2　日本国内では"-1"，"-2"，"-3"はデジピーターのSSIDとして使用し，必要に応じて"-4"，"-15"と同様の適用とする.

ポジション・コメント(POSITION COMMENT)の設定

おもに自局の現在の状況を他局に知ってもらうために設定することができる．特に設定する内容がない場合には，Off Dutyに設定しておく．市販トランシーバの初期設定はOff Dutyに設定されている場合がほとんど．

■ ポジション・コメントの設定項目とその意味

設定値	状況・状態
In Service	オペレートできる/メッセージ交換や音声交信が可能
Off Duty	オペレータ不在/メッセージ交換や音声通話ができない
Special	イベント会場での運用や気球，海上ブイでの運用など
Enroute	目的地への往路を移動中
Returning	目的地からの復路を移動中
Committed	取り込み中につきメッセージ交換，音声通話が困難
PRIORITY	優先すべき案件で運用中
CUSTOM	任意に利用可能なコメント
EMERGENCY！	全世界共通の「緊急事態発生，救援求む」を意味する信号

ポジション・コメント「EMERGENCY」について

　「EMERGENCY！」は全世界共通の「緊急事態発生，救援求む」を意味する救難信号．緊急事態以外では絶対に発信してはいけない．発信局を見つけたら安否を確認し，誤報とわかった場合は，下記対応を行うのが好ましい．

①ポジション・コメントを「EMERGENCY！」以外に変更する．

②「It is a false report.（誤報です）」など，誤報である旨をステータス・テキストに記述し，ただちにビーコンを発信する．

EMERGENCY!を受信したようす

 ## APRSに関する情報掲載Webサイト（一例）

http://japrsx.com
日本でAPRSを運用する場合に必要な最新情報やガイドをすべて網羅しているWebサイト

http://aprs.org
APRSの開発提唱者が運営するWebサイト

JVC KENWOOD TM-D710 APRS設定ガイド

- 一部を除き、【Fキー】→【同調つまみ（押す）】で「メニューモード」に移行してから設定する.
- 文字入力は付属マイクまたは同調つまみで行う. ・TM-D710Gはメニュー番号が異なる.

■ 初期設定項目

設定値	状況・状態
内蔵時計の設定 （TM-D710G以外）	【524】AUX→【524】DATE, 【525】TIME, 【526】TIME ZONE を設定. 「TIME ZONE」は "+9". GPSを測位している状態では【KEY】,【POS】を押して自局位置表示の画面にしてから【SET】キーで自動設定
GPS受信機接続設定 （TM-D710G以外）	【602】GPS PORTを選択し, →BAUD RATEを "4800"（GPS受信機に合わせる） →INPUTに "GPS" を選択 →OUTPUTを "OFF" にする
コールサイン	【600】BASIC SETTINGS を選択し, →MY CALLSIGNに "自局コールサイン" をSSID付きで入力
ビーコン・タイプ	【600】BASIC SETTINGSを選択し, →BEACON TYPEに "APRS" を選択
データ・バンド	【601】INTERNAL TNCを選択し, →DATA BANDに "A-BAND"（左側がAバンド）を選択
パケットスピード	【601】INTERNAL TNCを選択し, →DATA SPEEDに "1200bps" または "9600bps" を選択
APRSモード	【TNC】キーを押して, ディスプレイの左上に「APRS12」（「12」は1200bpsを示す）, または「APRS96」と表示させる（「96」は9600bpsを示す）
運用周波数	Aバンド（操作パネルの左側）を144.64MHz（9600bps）, または144.66MHz（1200bps）に設定
自局位置	【605】MY POSITION GPS受信機が接続されていない場合（固定局運用）は, ここで自局座標を入力
ポジション・コメント	【607】POSITION COMMENTを選択し, "In Service"もしくは "Off Duty"などを選択する "EMERGENCY！" は緊急時以外は絶対に選択しない
ステータス・テキスト	【608】STATUS TEXTを選択
コメント入力	→1 TEXTを選択,【USE】キーを押し, QTHやハンドルなどのコメントを入力（最大42文字）
送信頻度	→TX RATEを "1/3" 程度（任意）に設定
自局アイコン	【610】STATION ICONを選択し, "Car", "RV", "Truck,", "Van"など適切なものを選択
パケット送信方法	【611】BEACON TX ALGORITHMを選択
自動発信	→METHODに "AUTO" を選択
送信間隔	→INITIAL INTERVALは "3min" を選択
送信間隔自動延長	→DECAY ALGORITHMは "OFF" を選択
中継経路自動切替	→PROPORTIONAL PATHINGは "OFF" を選択

設定値	状況・状態
パケット転送方式	【612】PACKET PATHを選択し, →TYPEに "New-N PARADIGM" を選択し【USE】を押す →WIDE1-1を "ON" にする →TOTAL HOPSを "1" にする
自動メッセージ応答 （お好みで設定）	【622】AUTO MESSAGE REPLYを選択し, →REPLYを "ON" に設定し, →TEXTに "自動応答メッセージ" を入力 →REPLY TOには何も入力しない
サウンド（お好みで設定）	【624】SOUNDを選択
受信時	→RX BEEPは "ALL" を選択
送信時	→TX BEEP（BEACON）は "ON" を選択
特定局受信時	→SPECIAL CALLは何も入力しない
音声合成	APRS VOICEは "ON"（VGS-1装着時）を選択
受信割り込み表示	【625】INTERRUPT DISPLYを選択
全画面表示	→DISPLAY AREAは "ENTIER" を選択
自動照明	→AUTO BRIGHTNESSは "ON" を選択
カラー反転	→CHANGE COLORは "ON" を選択

■ 日常的によく使う機能

設定値	状況・状態
受信APRSデータ表示	パネルの【LIST】キーで「ステーション・リスト画面」が表示され, 局を選択して【同調つまみ】を押すと詳細が表示される
送受信メッセージ参照	パネルの【KEY】→【MSG】を押すと「メッセージ・リスト」が表示. 局を選択して【同調つまみ】を押すと詳細が表示される
メッセージ送信	パネルの【KEY】→【MSG】を押す
新規メッセージ （最大67文字）	→【NEW】→【TO:】に "あて先局コールサイン" を入力 →【確定】→ "メッセージ" を入力し,【同調つまみ】を押すと送信する
返信メッセージ	→【REPLY】を押すと, あて先局のコールサインは自動で入力される

■ ビーコン送信のON/OFF

フロントパネルの【BEACON】キーを押すと, ビーコンの自動送信を開始. もう一度押すと停止.

JVC KENWOOD TH-D72 APRS設定ガイド

- ほとんどの設定は【MENU】ボタンを押して「メニューモード」に入って行う
- 文字入力はマイクのテンキーまたはエンコーダつまみとフロント・パネルのキーで行う．"-"ハイフンは【ENT】キー，文字削除は【A/B】キーで入力する

■ 初期設定項目

設定値	状況・状態
内蔵GPSレシーバをON	【F】→【MARK】キーでディスプレイ右上に「i GPS」の表示を出す この表示が点滅したら測位中なので「ビーコン」の送信ができる．このとき【→】キーを押すと「GPS受信状況」を表示する
自局コールサイン	【300】 Basic Set→My Callsignを選択して "自局コールサイン"を入力
ビーコン・タイプ	【301】 Basic Set→Beacon Typeを選択して，"APRS"を選択
データ・バンド	【310】 Int. TNC→Data Bandを選択して，"A-BAND"を選択
パケット(データ)スピード	【311】 Int. TNC→Data Speedを選択し，"1200bps"か"9600bps"を選択
運用周波数	Aバンド(上側のバンド)を144.64MHz(9600bps)，または144.66MHz(1200bps)に設定 【ENT】キーを押した後に"1"，"4"，"4"，"6"，"4"，"0"と入力 【▲▼】キーや【ENCつまみ】でも設定できる
自局位置	自局の位置は内蔵GPSの測位により得ることができる
APRSモード設定	【TNC】キーを押して画面左上に「APRS96」を表示(パケット・スピードが9600bpsの場合)させ，APRS信号の受信を開始
ポジション・コメント(選択)	【380】 Comment→Position Commentを選択し，"In Service"もしくは"Off Duty"などを選択 "EMERGENCY！"は緊急時以外は絶対に選択しない
ステータス・テキスト(最大42文字)	【390】 StatusText→*1 TX Rate : を選択し，"1/3"程度(任意)に設定 【390】 StatusText→Textを選択し，任意の"コメント"を入力
自局アイコン選択	【3C0】 Iconを選択し，"Person"など適切なアイコン(シンボル)を選択
パケット送信方法選択	【3D0】 TX Beacon→を選択し，【3D0】 →Methodに"Auto"を選択
自動送信間隔	【3D1】 →Initioal Intervalを"3min"に設定
送信間隔自動延長	【3E0】 Algorithm→Decay Algorithmを"Off"に設定
中継経路自動切替	【3E0】 Algorithm→Prop.Pathingを"Off"に設定
パケット中継経路設定	【3H0】 PacketPathを選択し，【3H0】 →Type : に"New-N"を選択，【MHz】キーを押して"*"印を付ける 【3H1】 →WIDE1-1 : を選択し，"On"に設定 【3H2】 →Total Hops : を選択し，"1"に設定 固定局の場合は，WIDE1-1を"Off"に，Total Hopsを"0"に設定

設定値	状況・状態
自動メッセージ応答(最大42文字)	【3Q0】 Auto-Replyを選択し，【3Q0】 →REPLYを"On"に設定 【3Q1】 →Reply Toには何も設定しない
メッセージの設定	【3R0】 Reply Msgを選択し，"メッセージを登録
サウンド	【3T0】 Soundを選択
受信時	【3T0】 →RX Beepに"ALL"を設定
送信時	【3T1】 →TX Beep(Beacon)に"On"を設定
特定局受信時	【3T2】 →Special Callは何も設定しない
割り込み表示	【3U0】 Displayを選択し，【3U0】 →Display Areaは，"Entier Always"を選択
割り込み時間	【3U1】 →Interrrupt Timeは，"10sec"を選択
カーソル・コントロール	【3U2】 →Cursor Controlは，"Fixed"を選択
バッテリ・セーブ	【110】 Battery→Batt.Saverを選択し，"Off"を選択

■ 日常的によく使う機能

設定値	状況・状態
ステーション・リスト表示	【LIST】キーでリストが表示される．【▲▼】キーや【ENCつまみ】で局を選んで【→】キーを押すと「詳細表示」になる
メッセージング	周波数表示画面で【MSG】キーを押すと，これまで送受信した「メッセージ・リスト」が表示される．局を選択して【→】キーで内容を確認できる
返信	返信したい局のメッセージを表示中に【MSG】キーを押すと，「MSG Input」表示に移行し，"返信メッセージ"を入力できる
新規メッセージ作成	「メッセージ・リスト」画面で【MENU】キーを押し，"NEW"を選択してから「To:」に"相手局コールサイン"を入力し，次に"メッセージ"を入力

■ ビーコン送信のON/OFF

周波数表示画面で【BCON】キーを押すと，ディスプレイ上に「BEACON」表示が現れ，設定した自動送信間隔ごとにビーコンが送信される(測位できない場合はビーコンは送信されない)．自動送信を停止するには，もう一度【BCON】キーを押すと「BEACON」が消え，自動送信が終了．

八重洲無線 FTM-350A/AH APRS設定ガイド

■ 初期設定

1	周波数設定	左側のバンドを144.66MHzにする. 【SET】を1回押して, SET MODEに入る 【APRS/PKT】を選択し, APRSセット・モードに入る
2	モデム	【E05】 APRS MODEMを【ON】にする
3	APRS MUTE	【E06】 APRS MUTEを【ON】にする
4	自局パケット受信	【E07】 APRS POPUPを選択し, 3【MY PKT】を【ON】にする デジピータで中継された自局信号を受信したときにポップアップ表示する
5	ポップアップ・カラー	【E08】 APRS POPUP COLORを選択 1【BEACON】を【LCD COLOR】にする 2【MOBILE】を【WHT-BLUE】にする 3【OBJ/ITEM】を【LCD COLOR】にする 5【RNG RING】を【ORANGE】にする 6【MESSAGE】を【YLW-GREEN】にする 8【MY PKT】を【GREEN】にする 選択した色は参考例. お気に入りの色に変更してほしい
6	APRSリンガー （隣接リンガー）	【E09】 APRS RINGERを選択し, 7【RNG RINGER】を選択 ※任意の［距離］を選択し, その範囲内に近付いたAPRS局を異なるリンガーで知らせる設定（5kmや10kmを任意に選択）.
	メッセージ読み上げ	8【MSG VOICE】を選択する. ボイス・ユニット（FVS-2）を装着している場合は【ON】にする
7	ステータス・テキスト （自局情報）	【E14】 BEACON STATUS TXTを選択 ［1：SELECT］を【TEXT1】, ［2：TX RATE］は【1/3（FREQ）】, ［3：TEXT］に自局の紹介を設定. 例えば, 利用しているWiRESノード番号やルーム番号などの自局情報を入力する. テキスト入力画面に入ったら, 【FREQUENCY】を選択
8	ビーコン送信間隔	【E15】 BEACON TXを選択し, ［2：INTERVAL］を【3min】に設定（固定局は【30min】）
9	パケット・スピード	【E18】 DATA SPEEDを選択する. ［1：APRS］1200bpsを選択
10	デジパス	【E20】 DIGI PATH SELECTを選択する. 【WIDE 1-1】に変更
11	自動返信メッセージ	【E28】 MESSAGE REPLYを選択 ［1：REPLY］を【ON】, ［2：CALLSIGN］はそのまま, ［3：TEXT］にコメント文の入力をする. コメント文は「Tnx Msg」や「I am driving」などと入力
12	コールサイン	【E29】 MY CALLSIGNを選択 自局のコールサインを入力し, コールサインの後ろにSSIDを入れる（乗用車は【-9】, 大型車は【-14】）.
13	シンボル	【E32】 MY SYMBOLを選択する. 移動時のシンボルを設定
14	スマート・ビーコン	【E34】 SmartBeaconingを選択 【type 1】を選択する. 【ESC】を3回押し, APRSセット・モードから抜けて, VFO表示に戻す
Other	メッセージ定型文	【E04】 APRS MESSAGE TXTを選択 1～8に簡単な定型文をプリセットする. 例えば「GM」：Good morning, Tnx Msg！Helloなど, メッセージに多用しそうな文章をプリセットしておくと便利

■ 9600bpsパケットで運用する場合の設定
9600bpsパケットでAPRSを行う場合は, 次の設定項目を変更する

1	周波数設定	左側バンドを144.64MHzにする 【SET】を1回押して, SET MODEに入る 【APRS/PKT】を選択し, APRSセット・モードに入る
9	パケット・スピード	【E18】 DATA SPEEDを選択 ［1：APRS】 9600bpsを選択

■ ビーコン送信のON/OFF

> 【BCON】キーを押して【◎】インターバル・ビーコン, または【○】スマート・ビーコンを表示させると位置情報ビーコンの送信を開始する

八重洲無線 VX-8D APRS設定ガイド

■ 初期設定

1	周波数設定	BバンドをMAINバンドにする 周波数を144.66MHzにする MAINバンドをAに戻す 【MENU】を長押ししてSETモードに入る
2	RX SAVE OFF	【79】SAVE RXを選択し，【MENU】を1回押しする 【0.2秒(1：1)】→【OFF】に変更する
3	曜日設定	【98】TIME SETを選択し，【MENU】を1回押しする 曜日設定を行う．最後は［設定］位置で【V/M】を押して決定 【MENU】を長押ししてSETモードから抜ける 【MENU】を1回押し，GPS画面またはSTATION LIST，またはAPRS MESSAGE画面に切り替える 【MENU】を長押しし，APRS-SETモードに入る
4	パケット・スピード	【4】APRS MODEMを選択 1200bpsを選択
5	メッセージ着信	【5】APRS MSG FLASHを選択 (MSG：4sec)を(：EVERY 5s)に変更
6	APRS MUTE	【7】APRS MUTEを【ON】にする
7	ビーコン送信間隔	【12】BEACON INTERVALを選択 3minに変更
8	ステータス・テキスト	【13】BEACON STATS TXTを選択 普段受信している周波数やWiRES-IIのノード局番号などの自局情報を入力(最大60文字)
9	デジパス	【15】DIGI PATHを選択 【P2 (1) 1 WIDE 1-1】に変更
10	コールサイン	【20】MY CALLSIGNを選択 自局のコールサインを入力し，コールサインの後ろにSSIDを入れる (徒歩，自転車は【-7】，自動車，バイクは【-9】)
11	シンボル	【22】MY SYMBOLを選択 移動時のシンボルを設定
12	スマートビーコン	【24】SmartBeaconingを選択 自動車は【TYPE 1】，自転車は【TYPE 2】，徒歩は【TYPE 3】を選択 【MENU】を1回押し，その後に【MENU】を長押ししてAPRS-SETモードから抜ける

■ 9600bpsパケットで運用する場合の設定
9600bpsパケットでAPRSを行う場合は，次の設定項目を変更する

1	周波数設定	BバンドをMAINバンドにする 周波数を144.64MHzにする MAINバンドをAに戻す 【MENU】を1回押す 【MENU】を長押ししてAPRS SETモードに入る
4	パケット・スピード	【4】APRS MODEMを選択 9600bpsを選択

■ ビーコン送信のON/OFF

STATION LISTまたはAPRS MESSAGE画面表示時に【MODE】キーを押して，【◎】インターバルビーコンまたは【○】スマートビーコンを表示させると位置情報ビーコンの送信を開始する

八重洲無線 VX-8G APRS設定ガイド

■ 初期設定

1	周波数設定	BバンドをMAINバンドにする 周波数を144.66MHzにする MAINバンドをAに戻す 【MENU】を長押しして一般SETモードに入る
2	曜日設定	【90】TIME SETを選択し，【MENU】を1回押しする 曜日設定を行う．最後は［設定］位置で【V/M】を押して決定 【MENU】を長押しし一般SETモードから抜ける 【MENU】を1回押し，GPS画面またはSTATION LIST，またはAPRS MESSAGE画面に切り替える 【MENU】を長押しし，APRS-SETモードに入る
3	パケット・スピード	【3】APRS MODEMを選択 1200bpsを選択
4	メッセージ着信	【4】APRS MSG FLASHを選択 （MSG：4sec）を（：EVERY 5s）に変更
5	バイブレータ	【6】APRS MSG VIBRATを選択 （MSG：OFF）を（：4sec）に変更
6	APRS MUTE	【7】APRS MUTEを【ON】にする
7	ビーコン送信間隔	【12】BEACON INTERVALを選択 3minに変更
8	ステータス・テキスト	【13】BEACON STATS TXTを選択 普段受信している周波数やWiRES-IIのノード局番号，ルーム番号などの自局情報を入力
9	デジパス	【16】DIGI PATHを選択 【P2(1)1 WIDE 1-1】に変更
10	コールサイン	【22】MY CALLSIGNを選択 自局のコールサインを入力し，コールサインの後ろにSSIDを入れる(徒歩，自転車は【-7】， 自動車，バイクは【-9】)
11	シンボル	【24】MY SYMBOLを選択 移動時のシンボルを設定
12	スマート・ビーコン	【26】SmartBeaconingを選択 自動車は【TYPE 1】，自転車は【TYPE 2】，徒歩は【TYPE 3】を選択 【MENU】を1回押し，その後に【MENU】を長押ししてAPRS SETモードから抜ける

■ 9600bpsパケットで運用する場合の設定
9600bpsパケットでAPRSを行う場合は，次の設定項目を変更する

1	周波数設定	BバンドをMAINバンドにする 周波数を144.64MHzにする MAINバンドをAに戻す 【MENU】を1回押す 【MENU】を長押ししてAPRS SETモードに入る
3	パケット・スピード	【3】APRS MODEMを選択 9600bpsを選択

■ ビーコン送信のON/OFF

STATION LISTまたはAPRS MESSAGE画面表示時に【MODE】キーを押して，【◎】インターバルビーコンまたは【○】スマートビーコンを表示させると位置情報ビーコンの送信を開始する

おわりに

　筆者がAPRSを始めたきっかけは，GPSが普及する以前から位置捕捉関連の研究を仕事として長く担当していたことと，人のやっていないことをやってみるのが好きな性分であることからで，たどり着いたのは米国産のAPRSでした．

　2003年当時，欧米ではとてもアクティブに運用されていたAPRSですが，日本にはAPRSを体系的に解説した日本語のドキュメントはほとんどなく，日夜辞書を片手に米国から発信されている情報と格闘していました．その集大成が本書とも言えますが，知れば知れるほど奥が深く，数年後には到達点がないこと，つまりあまりにも広く深い要素をもつジャンルであることに気が付いたのです．

　今現在も既存の技術，情報を理解するよりさらに多くの新しい仕様，情報が日々発表されていて，追いつくどころかどんどん引き離されています．さまざまな要素技術，情報，テクニックや経験が盛り込まれているAPRSの探求は永遠に続きます．

　皆さんもぜひチャレンジしてください．APRSでお会いできる日を楽しみにしています．

　おわりに，本書の執筆にあたりまして資料，情報を快く提供いただいたWB4APR，Bob Bruninga氏をはじめ，各メーカー，ショップの皆さん，APRSを楽しむ仲間に，この場をお借りして厚く御礼申し上げます．

Member of JAPRSX

Area coordinator of APRS-WG

JF1AJE　松澤 荘八

索 引

数字

1200bps ——————————— 29
144.64MHz ————————— 29
144.66MHz ————————— 29
9600bps ——————————— 29

A

Ack ———————————————— 11
AFilter ———————————— 99
AGW Packet Engine ——— 66
AGWTracker ————————— 65
AIS ————————————————— 59
Alias ———————————————— 96
Alias substitution ————— 96
ALTITUDE ————————— 39
APRS ———————————————— 7
APRS-WG —————————— 19
APRSクライアント・ソフトウェア ——— 63
APRSサーバ ————————— 21
APRSビーコン ————————— 10
APRSフォーマット ————— 28
APRS気象局 ————————— 10
AX.25 ————————————————— 7

B

BCONキー ———————————— 132
BEACON ——————————— 96
Beacon comment ————— 40
Beacon Interval ————— 95
Bob Bruninga ————— 17, 18
BTNファイル ————————— 94

C

COMポート ————————— 70

(右段)

COREサーバ ————————— 20
CT-133 ——————————————— 50
CT-136 ——————————————— 50
CTCSS ——————————————— 41
CW ————————————————— 49

D

DATA BAND —————————— 33
DBØANF ——————————— 59
DECAY ALGORITHM ——— 36
Digipeater ————————— 94
Disconnect ————————— 74
DXクラスター ————————— 30

E

EJ-40U（EJ-41U）————— 70
E-Mail ——————————————— 79
EMARGENCY ————— 41, 131
Enroute ——————————— 36, 130

F

FGPS-1 ——————————————— 50
FGPS-2 ——————————————— 50
Fill-inデジピータ ————— 81
Filter ——————————————— 100
FindU ——————————————— 24
FTM-350A／AH ————————— 50

G

Gate Internet to RF ——— 101
Gate RF To Internet ——— 100
GMSK ——————————————— 33
Google Maps APRS ————— 8
GPS ————————————————— 7
GPSレシーバ ————————— 35

GPSロガー ———————————— 87

H

Homeアイコン ———————————— 34
Hop ———————————————— 91

I

I-GATE ———————————————— 19
IGATE.INI ————————————— 119
In Service ——————————— 31，130
INTERNAL TNC ——————————— 33
IRLP ————————————————— 40
ISS ————————————————— 23

J

JAPRSX —————————————— 18

K

KISSモード ———————————— 76
KPC-3 ————————————————— 69
KPC-9612Plus ——————————— 69

L

LATITUDE ————————————— 34
Local Server —————————— 101
Log file ———————————— 110
LONGITUDE ————————————— 34

M

Main Screen —————————— 92
MENU ——————————————— 54
Message ————————————— 56
Messages Window ——————— 111
Method ————————————— 75
Monitor Window ——————— 93
MS Agent ————————————— 74

N

NMEA0183 ————————————— 35
NOGATE ————————————— 120

O

O'ly ————————————————— 108
Object ————————————— 108
Object Editor ——————— 108
Off duty ——————————— 31，130
OpenAPRS ————————————— 64
Options ————————————— 104
Overlay ————————————— 108

P

PacketPath ——————————— 48
Paradigm ————————————— 35
Person ————————————— 47
POSITION COMMENT ————— 130

Q

QSY機能 ——————————————— 40
Query ————————————— 106

R

Refresh ————————————— 97
Registration Code ————— 70
Rej ————————————————— 39
Remove ————————————— 126
REPLY ————————————— 37
Returning ——————————— 36，130
RF ————————————————— 18
RFONLY ————————————— 120
RFトラフィック ——————— 58
RFネットワーク ——————— 42
RFポート ——————————— 101
RS-232C ————————————— 28

S

SAQRZ	37
Station List	94
Select A Map	110
Send Beacon	106
Setup	94
Show IGATE Traffic	106
SmartBeaconing	134
Speak Messages	114
SSID	30, 130
SSn-N	128
STATION LIST	56
Station Setup	73
Status	112
STATUS TXT	129
Sub Alias	96

T

Terminal	77
TH-D72	42
TH-D7A/E	42
Tile Windows	108
TIME ZONE	33
TinyTrak	28
TIRE-2サーバ（T2 Server）	19
TM-D700A	42
TM-D710	26, 32
TNC	26
TX RATE	132

U

U2APRS	130
UI-View32	63, 92
UIデジピータ	76
UIパケット	95
USGS	14

V

Validation Number	70
VGS-1	132
VOICE ALERT	41
VX-8D/G	54

W

WB4APR	17
WIDE1-1	31
WIDE2-1	81
WIDEn-n	96
WinAPRS	63

あ

アイゲート	19
アイコン	8
アドオン・ソフトウェア	70
アプリケーション	17
アマチュア・バンド	51
アラーム	19
アルインコ	70
位置情報	8
移動軌跡	86
インターネット	7
インターネット地図サイト	25
インターバル・ビーコン	56
インターフェース	28
インフラ	17
ウィンドウ	75
ウェザ局	10
運用規定	18
運用周波数	29
運用方法	70
運用ルール	79
エマージェンシー	41, 131
エンコーダ	44

オーバーレイ ——————————— 108
オブジェクト ——————————— 84
親サーバ ——————————— 24
音声合成 ——————————— 49

か

開発者 ——————————— 18
ガイドライン ——————————— 19
外部プログラム ——————————— 123
カシミール3D ——————————— 88
カントロニクス ——————————— 69
気球 ——————————— 11
気象局 ——————————— 10
軌跡 ——————————— 8
救難信号 ——————————— 131
緊急事態 ——————————— 35, 131
グーグル・マップス ——————————— 59
クライアント ——————————— 17
グリッド・ロケーター ——————————— 38
掲示板 ——————————— 126
緯度 ——————————— 31
経度 ——————————— 31
ゲートウェイ ——————————— 21
広域デジピータ ——————————— 130
国際宇宙ステーション ——————————— 23
子サーバ ——————————— 22
誤報 ——————————— 84, 131

さ

サーバ ——————————— 19
サーバ・ポート ——————————— 99
再送信 ——————————— 23
最大文字数 ——————————— 113
サインアップ ——————————— 59
自己位置 ——————————— 9
地震 ——————————— 14
地震オブジェクト ——————————— 14

自動応答 ——————————— 39
自動再接続 ——————————— 74
受信メッセージ ——————————— 37
手動送信 ——————————— 29
人工衛星 ——————————— 13
シンボル ——————————— 9, 129
ステーション・リスト ——————————— 33
ステータス・テキスト ——————————— 129
ストリート・ビュー ——————————— 59
スマート・ビーコン ——————————— 31
世界測地系 ——————————— 34
走行軌跡 ——————————— 86
送信間隔 ——————————— 31
送信頻度 ——————————— 35
送信方法 ——————————— 35
ソフトウェア ——————————— 25

た

ターミナル画面 ——————————— 78
台風情報 ——————————— 13
ダウンロード ——————————— 64
多段中継 ——————————— 82
地図サイト ——————————— 7
地図データ ——————————— 98
チャット ——————————— 11
中継局 ——————————— 23
追跡モード ——————————— 65
通信経路 ——————————— 19
ツールバー ——————————— 94
ディケイ・アルゴリズム ——————————— 36
定型メッセージ ——————————— 39
ディスティネーション ——————————— 121
データ ——————————— 8
データ・スピード ——————————— 33
データ端子 ——————————— 28
テキスト・メッセージ ——————————— 11
デジタル地図 ——————————— 15

デジパス（デジピート・パス） ──────── 127
デジピータ ──────── 19
デジピート ──────── 24
電子地図 ──────── 63
電子メール ──────── 8
伝送スピード ──────── 29
登録番号 ──────── 70
都道府県コード ──────── 128
トラッカー ──────── 28
トラフィック ──────── 58

な

ナビトラ ──────── 17
生パケット ──────── 38
認証番号 ──────── 70

は

パケット ──────── 24
パケット通信 ──────── 7
ビーコン ──────── 19
ビーコン・インターバル ──────── 127
ビーコン・タイプ ──────── 34
ファームウェア ──────── 27
輻射効率 ──────── 92
輻輳 ──────── 24
米国地質調査所 ──────── 14
返信 ──────── 37
ポート ──────── 73
ポート番号 ──────── 73

ボーレート ──────── 33
ポジション・コメント ──────── 130

ま

メイン・スクリーン ──────── 92
メーリング・リスト ──────── 64
メッセージ ──────── 8
メッセージ・ウィンドウ ──────── 78
メッセージ・グループ ──────── 116
メッセージ・フィード ──────── 83
メッセージ・リスト ──────── 37
メッセージ交換 ──────── 8
メッセージング ──────── 11
モービル ──────── 19
モニタ ──────── 10

や

八重洲無線 ──────── 28
ユーザー ──────── 15
リトライ ──────── 49
隣接リンガー ──────── 51
レピータ ──────── 84

ら

ローカル・サーバ ──────── 120
ローカル局 ──────── 101
ログ・データ ──────── 88
ログイン ──────── 59

執筆者プロフィール

松澤　荘八（まつざわ　そうはち）

1958年　東京都新宿区生まれ
　　　　東京都武蔵村山市在住
1972年　電話級アマチュア無線技士
1973年　JF1AJE開局
1976年　第2級アマチュア無線技士
1992年　第1級アマチュア無線技士
2003年　APRS運用開始
2003年　JAPRSX創設
2004年　日本で初めてAPRSについての展示・解説を
　　　　「群馬ハムの集い」で実施
2006年　USNA（米国海軍士官学校）よりAPRS衛星の
　　　　地上管制局に任命される
　　　　日本各地でAPRSの講演・勉強会を開始
2010年　APRS Area coordinator（APRS-WG）
　　　　日本地域担当

■ **本書に関する質問について**

文章，数式，写真，図などの記述上の不明点についての質問は，必ず往復はがきか返信用封筒を同封した封書でお願いいたします．勝手ながら，電話での問い合わせは応じかねます．質問は著者に回送し，直接回答していただくので多少時間がかかります．また，本書の記載範囲を超える質問には応じられませんのでご了承ください．

質問封書の郵送先

〒112-8619 東京都文京区千石 4-29-14　CQ出版株式会社
「APRS パーフェクト・マニュアル」質問係 宛

APRS パーフェクト・マニュアル［オンデマンド版］

2012 年 9 月 1 日　初 版 発 行
2022 年 1 月 1 日　オンデマンド版発行

© 松澤 荘八 2012
（無断転載を禁じます）

著 者　松 澤 荘 八
発 行 人　小 澤 拓 治
発 行 所　CQ出版株式会社
〒112-8619　東京都文京区千石 4-29-14

ISBN978-4-7898-5286-9

定価は表紙に表示してあります．
乱丁・落丁本はご面倒でも小社宛てにお送りください．
送料小社負担にてお取り替えいたします．

電話　編集　03-5395-2149
　　　販売　03-5395-2141

表紙モデル　東 里

編集担当者　吉澤 浩史
印刷・製本　大日本印刷株式会社
Printed in Japan